W. Hinrichs

Einführung in die geometrische Optik

W. Hinrichs

Einführung in die geometrische Optik

ISBN/EAN: 9783955622237

Auflage: 1

Erscheinungsjahr: 2013

Erscheinungsort: Bremen, Deutschland

@ Bremen-university-press in Access Verlag GmbH, Fahrenheitstr. 1, 28359 Bremen. Alle Rechte beim Verlag und bei den jeweiligen Lizenzgebern.

Sammlung Göschen

Einführung in die geometrische Optik

Von

Dr. W. Hinrichs
Wilmersdorf-Berlin

Mit 55 Figuren

Leipzig
G. J. Göschen'sche Verlagshandlung
1911

Inhalt.

Seite

Einleitung: Die Grundgesetze der geometrischen Optik.

§ 1. Das Gesetz von der geradlinigen Ausbreitung des Lichtes
§ 2. Das Gesetz von der Unabhängigkeit der Lichtstrahlen voneinander 5
§ 3. Das Reflexionsgesetz 7
§ 4. Das Brechungsgesetz von Snellius 8

Kapitel I: Von der Reflexion an ebenen Flächen.

§ 1. Der ebene Spiegel . 11
§ 2. Der Winkelspiegel 13
Übungen zu Kapitel I . 14

Kapitel II: Von der Reflexion an sphärischen Flächen.

§ 1. Der Konkavspiegel 17
§ 2. Abbildungsgleichung, bezogen auf den Flächenscheitel 19
§ 3. Andere Herleitung der Abbildungsgleichung 21
§ 4. Diskussion der Abbildungsgleichung 22
§ 5. Abbildungsgleichung, bezogen auf den Krümmungsmittelpunkt 25
§ 6. Abbildung von ausgedehnten Objekten . 26
§ 7. Bildkonstruktion beim Konkavspiegel 28
§ 8. Die Lateralvergrößerung . . . 29
§ 9. Der Konvexspiegel 32
§ 10. Bildkonstruktion beim Konvexspiegel 34
Übungen zu Kapitel II 35

Kapitel III: Von der Brechung an ebenen Flächen.

§ 1. Brechung an einer Ebene 38
§ 2. Totale Reflexion. 40
§ 3. Konstruktion des an einer Ebene gebrochenen Strahles 42
§ 4. Die planparallele Platte 44
§ 5. Das Prisma 46
§ 6. Senkrechte Inzidenz 48
§ 7. Das Minimum der Ablenkung 48
§ 8. Prismen mit kleinem brechenden Winkel . 51
Übungen zu Kapitel III . 52

Kapitel IV: Von der Brechung an einer Kugelfläche.

§ 1. Abbildungsgleichung, bezogen auf den Flächenscheitel 56
§ 2. Brennpunkt und Brennweite . . 58
§ 3. Konvergenz und Dioptrie 60
§ 4. Abbildungsgleichung, bezogen auf den Krümmungsmittelpunkt 61

Inhalt.

		Seite
§ 5.	Abbildungsgleichung, bezogen auf die Brennpunkte	63
§ 6.	Konstruktion des gebrochenen Strahles	64
§ 7.	Abbildung ausgedehnter Objekte	66
§ 8.	Konstruktion des Bildes	67
§ 9.	Die Lateralvergrößerung	69
§ 10.	Der Helmholtz-Lagrangesche Satz	73
§ 11.	Hauptpunkte und Hauptebenen	74
§ 12.	Das Konvergenzverhältnis	75
§ 13.	Die Knotenpunkte	77
Übungen zu Kapitel IV		78

Kapitel V: Brechung durch ein zentriertes System von Kugelflächen.

§ 1.	Gleichungssystem für mehrere brechende Flächen	82
§ 2.	Anwendung der Dioptrie- und Konvergenzrechnung auf ein System brechender Flächen	85
§ 3.	Die Lateralvergrößerung für ein Flächensystem	88
§ 4.	Hauptpunkte und Hauptebenen eines Flächensystems	89
§ 5.	Der Helmholtz-Lagrangesche Satz für ein Flächensystem	91
§ 6.	Ableitung einiger Formeln für die Lateralvergrößerung	92
§ 7.	Die Brennweiten eines Flächensystems	94
§ 8.	Das Konvergenzverhältnis in bezug auf ein Flächensystem	96
§ 9.	Die Knotenpunkte eines Flächensystems	98
§ 10.	Definition der Brennweiten nach Abbe	99
§ 11.	Die Berechnung der Brennweiten aus den einzelnen Schnittweiten eines Strahles	101
§ 12.	Die Abbesche Zählweise	101
§ 13.	Berechnung der Brechkraft einer Kombination aus zwei Einzelsystemen	107
Übungen zu Kapitel V		110

Kapitel VI: Linsen und Linsensysteme.

§ 1.	Die gebräuchlichsten Linsenformen	119
§ 2.	Brennpunkte, Brennweiten und Brechkraft einer Linse	120
§ 3.	Die Bikonvexlinse von endlicher Dicke	122
§ 4.	Die Bikonkavlinse von endlicher Dicke	124
§ 5.	Rechnerische Bestimmung der Haupt- und Brennpunkte einer Linse von endlicher Dicke	126
§ 6.	Die unendlich dünne in Luft befindliche Linse	129
§ 7.	Die unendlich dünne Sammellinse	134
§ 8.	Die unendlich dünne Zerstreuungslinse	138
§ 9.	Kombination aus zwei dünnen Linsen	141
Übungen zu Kapitel VI		141

Einleitung.

Die Grundgesetze der geometrischen Optik.

§ 1. Das Gesetz von der geradlinigen Ausbreitung des Lichtes.

Für die „geometrische Optik", die sich im Laufe der Zeit neben der „physikalischen Optik" zu einer selbständigen Disziplin entwickelt hat, sind nur einige wenige Tatsachen und Grundgesetze erforderlich, die durch sorgfältige Experimente vollkommen einwandfrei erwiesen sind.

Die geometrische Optik geht aus von der Fiktion des leuchtenden Punktes. Ein leuchtender Körper ist zusammengesetzt aus einer Unzahl leuchtender Punkte. Von jedem dieser Punkte breitet sich — vom Standpunkt der geometrischen Optik aus — das Licht, solange keine störenden Hindernisse vorhanden sind, in gerader Linie nach allen Seiten des Raumes mit sehr großer Geschwindigkeit aus. Diese geraden Linien nennen wir Lichtstrahlen.

§ 2. Das Gesetz von der Unabhängigkeit der Lichtstrahlen voneinander.

Zu diesem „Gesetz von der geradlinigen Ausbreitung" des Lichtes kommt als zweites das „Gesetz von der Unabhängigkeit der Lichtstrahlen voneinander".

6 Einleitung. Die Grundgesetze der geometrischen Optik.

Wir denken uns von dem leuchtenden Punkt P —
Fig. 1 — nach allen Seiten des Raumes Lichtstrahlen
ausgehend, von denen ein Teil der in der Papierebene verlaufenden in der Figur dargestellt ist. Nach
dem oben angeführten Gesetz pflanzen sich nun alle
diese Strahlen geradlinig fort, jedoch nur so lange,
als sich ihnen kein Hindernis in den Weg stellt.

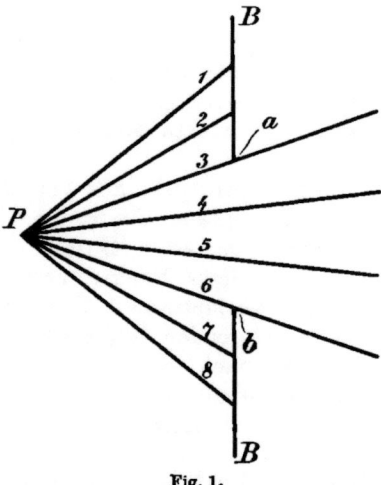

Fig. 1.

Schalten wir dagegen eine sog. Blende BB — d. i.
ein mit einer kreisrunden Öffnung versehener Metall-
schirm — in den Gang der Strahlen ein, so werden
die Strahlen zum Teil von dieser Blende aufgehalten.
Die Strahlen jedoch, die auf die Öffnung ab fallen
— in der Figur die Strahlen 3, 4, 5, 6 — setzen nach
dem Gesetz von der Unabhängigkeit der Lichtstrahlen
voneinander ihren Weg unverändert geradlinig fort.

Bemerkt muß hier werden, daß dieses Gesetz seine Gültigkeit dann verliert, wenn die Öffnung der Blende sehr klein wird. Die auf die Öffnung fallenden Strahlen setzen dann ihren Weg nicht mehr geradlinig fort, es tritt jetzt eine Erscheinung ein, die man „Beugung des Lichtes" nennt, ein Phänomen, auf das hier nicht weiter eingegangen werden kann, da es dem Gebiet der geometrischen Optik nicht angehört.

§ 3. Das Reflexionsgesetz.

Um das nächste der Grundgesetze, das Reflexionsgesetz, zu entwickeln, denken wir uns in Fig. 2 eine

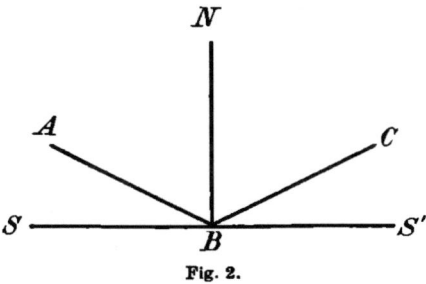

Fig. 2.

spiegelnde Fläche SS — etwa eine polierte Silberplatte — dargestellt. Betrachten wir einen vom Punkt A ausgehenden Lichtstrahl AB, so wissen wir, daß er sich nur bis zum Punkt B geradlinig fortbewegt, da sich ihm hier der Spiegel SS in den Weg stellt. Im Punkt B wird der Lichtstrahl zurückgeworfen, reflektiert, und zwar in einer ganz bestimmten Richtung BC. Den Strahl AB nennt man den einfallenden Strahl, BC den reflektierten Strahl, das im Punkt B auf SS errichtete Lot BN

8 Einleitung. Die Grundgesetze der geometrischen Optik.

das Einfallslot, ∡ ABN den Einfallswinkel, ∡ CBN den Reflexionswinkel. Das Reflexionsgesetz sagt dann aus:

Einfallender Strahl, Einfallslot und reflektierter Strahl liegen in einer Ebene. Der Einfallswinkel ist gleich dem Reflexionswinkel.

§ 4. Das Brechungsgesetz von Snellius.

Als letztes dieser Grundgesetze ist das Brechungsgesetz anzuführen. Wir haben oben gesehen, daß die Lichtbewegung mit sehr großer Geschwindigkeit vor sich geht. Trotzdem erfolgt sie nicht momentan. Ein Lichtstrahl braucht eine ganz bestimmte endliche Zeit, um von einem Punkt P zu einem zweiten Punkt P', der sich in endlicher Entfernung vom ersten befindet, zu gelangen. Die Geschwindigkeit des Lichtes ist nun abhängig von der Natur der Substanz, des Mediums, in dem die Lichtbewegung vor sich geht. So ist z. B. die Geschwindigkeit des Lichtes im Vakuum 300000 km p. Sek., im gewöhnlichen Glase dagegen nur ca. 200000 km p. Sek. Jedem Medium kommt eine ganz bestimmte Lichtgeschwindigkeit zu. Die Zahl, die man erhält, wenn man die Lichtgeschwindigkeit im Vakuum durch die Lichtgeschwindigkeit in einem Medium M dividiert, nennt man Brechungsexponent oder Brechungsquotient des Mediums M und bezeichnet sie mit dem Buchstaben n. So ist z. B. der mittlere Brechungsexponent des gewöhnlichen Glases:

$$n = \frac{300000}{200000} = 1{,}5 \,.$$

§ 4. Das Brechungsgesetz von Snellius.

Nach dieser Definition muß man den Brechungsexponenten des Vakuums gleich der Einheit setzen.

In Tabelle I sind die Brechungsexponenten einiger Medien angegeben, und zwar für die gelbe Farbe des Natriumlichtes bei einer Temperatur von 18° C[1]).

Tabelle I.

Medium	Brechungsexponent
Luft	1,00029
Wasser	1,3335
Äthylalkohol	1,3624
Crownglas (leicht)	1,5153
Crownglas (schwer)	1,6152
Flintglas (leicht)	1,6085
Flintglas (schwer)	1,7515
Diamant	2,47

Da der Brechungsexponent der Luft nur sehr wenig von dem des Vakuums verschieden ist, so ist auch die Lichtgeschwindigkeit in der Luft nur wenig verschieden von der im Vakuum. Mit hinreichender Annäherung kann man also auch sagen: Man erhält den Brechungsexponenten eines Mediums M, wenn man die Lichtgeschwindigkeit in der Luft durch die Lichtgeschwindigkeit im Medium M dividiert. Der Brechungsexponent der Luft ist dann gleich Eins. Diese Definition ist insofern zweckmäßiger, als die Brechungsexponenten der meisten Substanzen nicht in bezug auf das Vakuum, sondern in bezug auf die Luft bestimmt werden.

Bemerkt sei noch, daß, wenn im folgenden vom

---

[1]) Der Brechungsexponent ist abhängig von der Farbe und der Temperatur (siehe die Lehrbücher der physik. Optik).

10 Einleitung. Die Grundgesetze der geometrischen Optik.

Brechungsexponenten die Rede ist, stets der in bezug auf das gelbe Natriumlicht gemeint ist.

Es mögen zwei durchsichtige Medien I und II — Fig. 3 — sich in einer Ebene E berühren. Ein Strahl AB, der im Medium I verläuft, möge diese Ebene in B treffen. Er wird dann, da das Medium II ebenfalls als durchsichtig vorausgesetzt ist, in dieses eindringen. Hierbei ändert er jedoch seine Richtung, er wird nach BC abgelenkt oder, wie man sagt, ge-

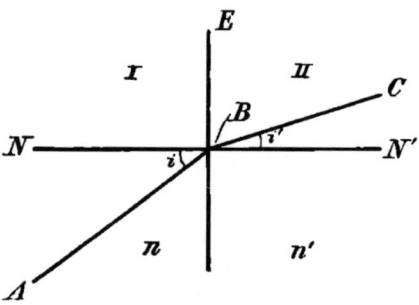

Fig. 3.

brochen. Den Strahl AB nennt man den einfallenden Strahl, BC den gebrochenen Strahl, das im Punkt B errichtete Lot NBN′ das Einfallslot, $\angle ABN = i$ den Einfallswinkel, $\angle CBN' = i'$ den Brechungswinkel. Der Brechungsexponent des Mediums I sei n, der des Mediums II n′. Dann sagt das Brechungsgesetz von Snellius:

Einfallender Strahl, gebrochener Strahl und Einfallslot liegen in einer Ebene. Und ferner:
$$\frac{\sin i}{\sin i'} = \frac{n'}{n} \qquad (1)$$

§ 1. Der ebene Spiegel.

Den zweiten Teil des Brechungsgesetzes kann man auch in der Form schreiben:
$$n \cdot \sin i = n' \cdot \sin i' \qquad (2)$$

Kapitel I.
Von der Reflexion an ebenen Flächen.
§ 1. Der ebene Spiegel.

Wir denken uns in Fig. 4 einen ebenen Spiegel S und vor demselben einen leuchtenden Objektpunkt P. Von P mögen zwei Strahlen ausgehen, die den Spiegel in A und B treffen. Infolge des Reflexionsgesetzes werden sie nach A' und B' reflektiert.

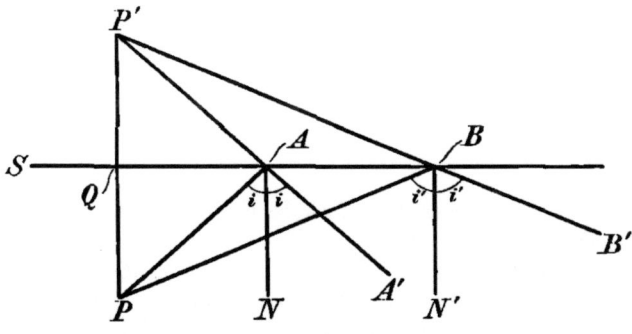

Fig. 4.

Ihre rückwärtigen Verlängerungen mögen sich in P' schneiden. Beachtet man, daß infolge des Reflexionsgesetzes $\angle PAN = A'AN = i$ ist, so folgt leicht, daß $\angle P'AB = PAB$ ist. Ebenso ergibt sich die Gleichheit der Winkel P'BA und PBA. Damit

12   Kap. I. Von der Reflexion an ebenen Flächen.

ist aber die Kongruenz der Dreiecke PAB und P'AB erwiesen, woraus die Gleichheit der Seiten PA und P'A folgt. Man verbinde P mit P', wodurch noch der Punkt Q entsteht. Dann ergibt sich jetzt, wenn man das soeben erhaltene Resultat — AP = AP' — berücksichtigt, die Kongruenz der Dreiecke PAQ und P'AQ. Hieraus folgt erstens, daß PP' senkrecht zu S ist, und zweitens, daß QP = QP' ist. Da die beiden Strahlen PA und PB ganz beliebige waren,

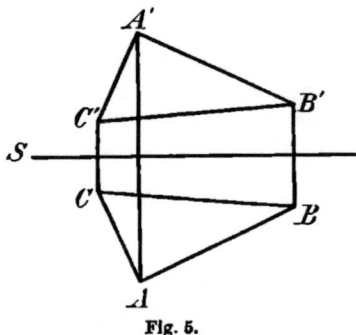

Fig. 5.

so kann man denselben Beweis für sämtliche von P ausgehende, auf den Spiegel S fallende Strahlen durchführen. Die rückwärtigen Verlängerungen aller dieser vom Spiegel reflektierten Strahlen schneiden sich also sämtlich streng im Punkte P'. Man nennt P' das Bild von P, und zwar das virtuelle Bild, da sich in P' nicht die Strahlen selbst, sondern ihre rückwärtigen Verlängerungen schneiden. Man kann also das erhaltene Resultat folgendermaßen aussprechen: **Das virtuelle Bild, das ein ebener Spiegel von einem leuchtenden Objektpunkt erzeugt, liegt**

auf dem Lot, das man von dem Objektpunkt
auf den Spiegel fällen kann, und zwar ebenso
weit hinter dem Spiegel wie der leuchtende
Punkt vor dem Spiegel.

Wir denken uns in Fig. 5 einen ebenen Spiegel S und vor demselben einen Gegenstand, z. B. ein Dreieck ABC. Von jedem Punkt des Dreiecksumfanges kann man sich leicht das Bild konstruieren, indem man von dem betreffenden Punkt das Lot auf den Spiegel fällt und um sich selbst verlängert. Auf diese Weise erhält man das Bild $A'B'C'$. Bemerkt sei hier, daß Seiten und Winkel der Dreiecke ABC und $A'B'C'$ zwar gleich sind, daß sich aber trotzdem beide Dreiecke nicht zur Deckung bringen lassen, da sie entgegengesetzten Umlaufssinn haben.

§ 2. Der Winkelspiegel.

Es mögen zwei ebene Spiegel S_1 und S_2 — Fig. 6 — unter einem Winkel von 90^0 zueinander geneigt sein. In

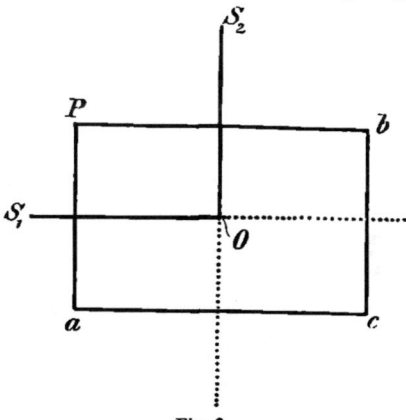

Fig. 6.

dem Winkelraum, den die beiden Spiegel bilden, befinde sich ein leuchtender Objektpunkt P. Der Spiegel S_1 entwirft von P zunächst das Bild a. Auf gleiche Weise ent-

14   Kap. I. Von der Reflexion an ebenen Flächen.

steht durch den Spiegel S_2 von P das Bild b. Das Bild a muß man jetzt auffassen als Gegenstand in bezug auf den Spiegel S_2, so daß dieser Spiegel von a ein Bild c entwirft. Desgleichen erzeugt S_1 ein Bild von b, das jedoch mit c zusammenfällt. Im ganzen entstehen also vom Punkt P drei Bilder, die, wie leicht ersichtlich ist, auf dem Kreis liegen, den man mit OP um O konstruieren kann. Eine derartige Spiegelkombination nennt man „Winkelspiegel"; er findet Anwendung bei der Feldvermessung und im Kaleidoskop.

Übungen zu Kapitel I.

1. Beweise den Satz: **Dreht sich ein ebener Spiegel um den Winkel α, so dreht sich der vom Spiegel reflektierte Strahl um den Winkel 2α.**

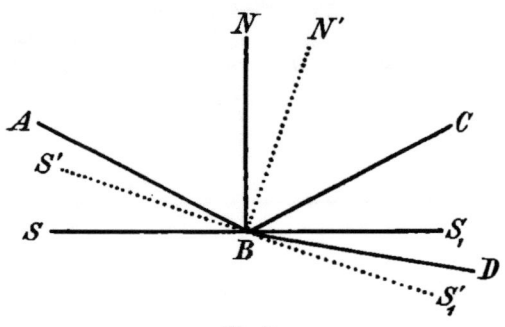

Fig. 7.

In Fig. 7 sei SS_1 ein ebener Spiegel. AB sei der einfallende, BC der reflektierte Strahl, BN das Einfallslot. Wir drehen den Spiegel um einen Winkel α, so daß er jetzt die Lage $S'S_1'$ einnimmt, dann ist also

$$\angle SBS' =$$
$$\angle S_1BS_1' = \alpha.$$

Der einfallende Strahl AB bleibt unverändert. Der reflektierte Strahl ist jetzt BD, das Einfallslot BN'. Aus der Figur folgt:

Übungen zu Kapitel I.

$$\sphericalangle CBD = \sphericalangle CBS_1' - \sphericalangle DBS_1'$$
$$= \sphericalangle CBS_1 + \sphericalangle S_1BS_1' - \sphericalangle DBS_1'$$
$$= \sphericalangle CBS_1 + \alpha - \sphericalangle DBS_1'.$$

Nach dem Reflexionsgesetz ist:
$$\sphericalangle CBS_1 = \sphericalangle ABS$$
$$\sphericalangle DBS_1' = \sphericalangle ABS'.$$

Folglich ergibt sich:
$$\sphericalangle CBD = \sphericalangle ABS + \alpha - \sphericalangle ABS'$$
$$= \sphericalangle SBS' + \alpha$$
$$= \alpha + \alpha = 2\alpha,$$
womit der oben angeführte Satz bewiesen ist.

Auf dieser Eigenschaft des reflektierten Strahles beruht die Poggendorffsche Methode der Spiegelablesung, die für die praktische Physik von größter Wichtigkeit ist.

2. Beweise den Satz: **Das Licht braucht, um von einem Punkte P mittels Reflexion an einem ebenen Spiegel zu einem Punkt P' zu gelangen, die kleinste Zeit.**

Wir stellen uns vor, daß ein Punkt von P — Fig. 8 — ausgehend über einen Punkt des Spiegels SS sich nach dem

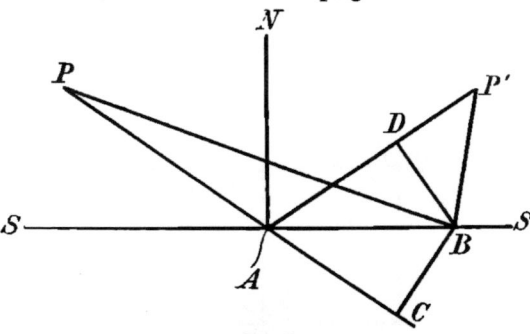

Fig. 8.

Punkt P' bewegt, und zwar einmal auf dem Wege PAP', der dadurch charakterisiert ist, daß $\sphericalangle PAN = \sphericalangle P'AN$ — AN ist die Normale im Punkt A — ist, das zweite Mal auf dem Wege PBP', wo B ein ganz beliebiger Punkt des Spiegels ist.

16 Kap. I. Von der Reflexion an ebenen Flächen.

Wir wollen beweisen, daß
$$PA + AP' < PB + BP'$$
ist. Zu diesem Zweck fällen wir von B das Lot BC auf die Verlängerung von PA und das Lot BD auf AP'. Die beiden Dreiecke ABC und ABD sind kongruent. Also ist $AD = AC$. Aus der Figur folgt:
$$PC < PB, \quad \ldots \ldots (3)$$
denn PB ist in dem rechtwinkligen Dreieck PCB die Hypotenuse. Aus Gl. (3) folgt:
$$PA + AC < PB$$
oder
$$PA + AD < PB.$$
Aus der Figur ergibt sich:
$$DP' < BP'.$$
Durch Addition der beiden letzten Gleichungen ergibt sich:
$$PA + AD + DP' < PB + BP'$$
oder
$$PA + AP' < PB + BP',$$
d. h. von allen Wegen, die ein Punkt von P über den Spiegel nach P' zurücklegt, ist der über A der kürzeste.

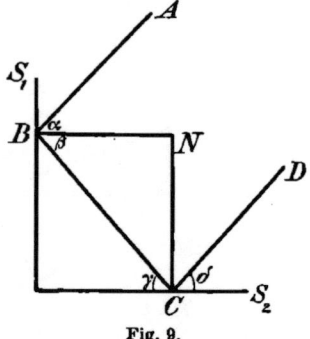

Fig. 9.

Mithin ist auch die Zeit, die der Punkt zur Zurücklegung dieses Weges braucht, ein Minimum. Da der Weg PAP' der Weg eines Lichtstrahles von P über den Spiegel nach P' ist, so ist die Richtigkeit des obigen Satzes bewiesen.

§ 1. Der Konkavspiegel.

3. Auf zwei vertikal stehende, ebene Spiegel, die einen Winkel von 90° miteinander bilden, falle ein Lichtstrahl horizontal auf. Es soll bewiesen werden, daß der zweimal reflektierte Strahl mit dem einfallenden Strahl parallel ist.

S_1 und S_2 — Fig. 9 — sind die beiden Spiegel, AB der einfallende, CD der zweimal reflektierte Strahl. Die in B und C errichteten Einfallslote schneiden sich in N. Das Lot BN ist parallel mit dem Spiegel S_2. Wenn also die Gleichheit der Winkel α und δ bewiesen ist, so ist damit die Parallelität der Strahlen AB und CD bewiesen.

Es ist
$$\alpha = \beta$$
nach dem Reflexionsgesetz,
$$\beta = \gamma$$
als Wechselwinkel,
$$\gamma = \delta$$
nach dem Reflexionsgesetz. Aus diesen drei Gleichungen folgt:
$$\alpha = \delta.$$

Kapitel II.
Von der Reflexion an sphärischen Flächen.
§ 1. Der Konkavspiegel.

Ein sphärischer Spiegel entsteht, wenn man ein Stück aus einer spiegelnden Kugeloberfläche herausschneidet. Je nachdem die innere oder äußere Fläche poliert ist, unterscheidet man Konkav- und Konvexspiegel. Sobald ein Lichtstrahl auf einen solchen sphärischen Spiegel fällt, wird er ebenso reflektiert, als erfolgte die Reflexion an der Berührungsebene des betreffenden Punktes.

In Fig. 10 sei ein Konkavspiegel AB mit dem Scheitel S dargestellt. Der Krümmungsmittelpunkt der zugehörigen Kugeloberfläche sei M. Die Verbindungsgerade SM nennt man „optische Achse", den

18 Kap. II. Von der Reflexion an sphärischen Flächen.

Winkel AMB die „Öffnung" des Spiegels. Auf der optischen Achse denken wir uns einen leuchtenden Punkt P, von dem ein Strahlenkegel ausgeht. Derjenige dieser Strahlen, der durch M geht, heißt die Achse des Strahlenkegels. Ein von P ausgehender Strahl möge den Spiegel in Q treffen. Wie schon oben bemerkt, erfolgt in Q die Reflexion gerade so, als ginge sie an der Berührungsebene TT vor sich.

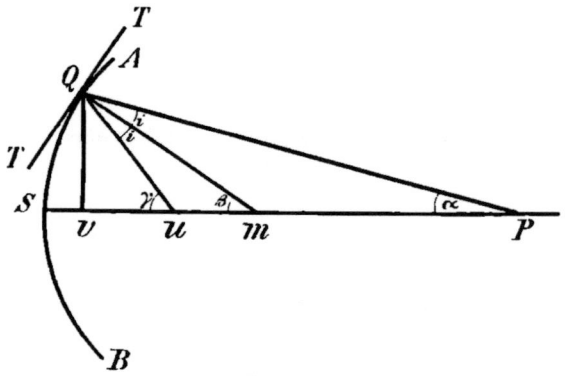

Fig. 10.

Daraus ist aber sofort ersichtlich, daß der Radius $QM = r$ Einfallslot ist. Die Richtung des reflektierten Strahles QU findet man dann nach dem Reflexionsgesetz. Ein anderer von P ausgehender Strahl trifft den Spiegel in S. Dieser Strahl verläuft also gerade in Richtung der optischen Achse. Das Einfallslot in S fällt zusammen mit dem einfallenden Strahl, folglich fällt auch der reflektierte Strahl mit dem einfallenden zusammen, d. h. der in Richtung der optischen Achse auf den Spiegel fallende Strahl

§ 2. Abbildungsgleichung, bezogen auf den Flächenscheitel.

wird in sich selbst reflektiert. In U schneiden sich also zwei reflektierte Strahlen. Man nennt den Punkt U ein Bild des Punktes P, und zwar ein reelles Bild, da sich die reflektierten Strahlen selbst schneiden. Aus der Konstruktion des reflektierten Strahles ist unmittelbar ersichtlich, daß, wenn man den Objektpunkt P auf der optischen Achse verschiebt, auch der Bildpunkt U seine Lage ändert. Jeder Lage des Objektpunktes entspricht eine ganz bestimmte Lage des Bildpunktes. Zwei so zugeordnete Punkte nennt man „konjugierte Punkte", die in ihnen zur optischen Achse normalen Ebenen „konjugierte Ebenen". Die Abhängigkeit konjugierter Punkte soll nun mathematisch dargestellt werden.

§ 2. Abbildungsgleichung, bezogen auf den Flächenscheitel.

Wir bezeichnen die Winkel, die einfallender Strahl, Einfallslot und reflektierter Strahl mit der optischen Achse bilden, bzw. mit α, β, γ, den Einfalls- und Reflexionswinkel bei Q mit i. Außerdem fällen wir von Q das Lot QV auf die optische Achse. Es bestehen folgende Winkelbeziehungen:
$$\beta = \alpha + i,$$
$$\gamma = \beta + i,$$
woraus sich durch Elimination von i sofort ergibt:
$$\alpha + \gamma = 2\beta \qquad (3a)$$
Aus Fig. 10 folgt ferner:
$$\operatorname{tg}\alpha = \frac{QV}{PV}, \qquad \operatorname{tg}\beta = \frac{QV}{MV}, \qquad \operatorname{tg}\gamma = \frac{QV}{UV}.$$

Wir machen die einschränkende Voraussetzung, daß der Strahl PQ und infolgedessen auch der Strahl QU in unmittelbarer Nähe der optischen Achse ver-

20 Kap. II. Von der Reflexion an sphärischen Flächen.

läuft. Man nennt solche Strahlen „Nullstrahlen" oder „Paraxialstrahlen". Dann sind die Winkel α, β, γ sehr klein, so daß man ihre trigonometrischen Tangenten mit den Bogen vertauschen kann. Es ist also dann

$$\alpha = \frac{QV}{PV}, \quad \beta = \frac{QV}{MV}, \quad \gamma = \frac{QV}{UV}.$$

Setzt man diese Werte in Gl. (3a) ein, so ergibt sich:

$$\frac{QV}{PV} + \frac{QV}{UV} = 2\frac{QV}{MV} \tag{4}$$

Aus der Kleinheit der Winkel α, β, γ folgt ferner, daß Punkt V mit dem Scheitel S und infolgedessen PV mit PS, UV mit US, MV mit MS zusammenfällt. Gl. (4) geht dann über in

$$\frac{1}{PS} + \frac{1}{US} = \frac{2}{MS} \tag{5}$$

Man nennt $PS = a$ die Objektweite, $US = b$ die Bildweite. Objektweite und Bildweite führen den gemeinsamen Namen „Schnittweite". Setzt man noch

$$\frac{2}{MS} = \frac{1}{f}, \tag{6}$$

so geht Gl. (5) über in:

$$\frac{1}{a} + \frac{1}{b} = \frac{1}{f} \tag{7}$$

Es soll noch die Bedeutung der in Gl. (7) auftretenden Größe f erläutert werden. Da $MS = r$ ist, so folgt aus Gl. (6):

$$f = \frac{r}{2} \tag{8}$$

Die Größe f nennt man die **Brennweite** des Spiegels. Gl. (8) besagt, daß die Brennweite für jeden Spiegel eine Konstante ist, und zwar ist sie gleich dem halben Krümmungsradius der zugehörigen Kugeloberfläche.

§ 3. Andere Herleitung der Abbildungsgleichung.

Infolge der Wichtigkeit der Gl. (7) soll dieselbe noch nach einer andern Methode entwickelt werden. In Fig. 11 sei ein Konkavspiegel mit dem Scheitel S dargestellt. PA sei ein auf den Spiegel auffallender Strahl, AB der zugehörige

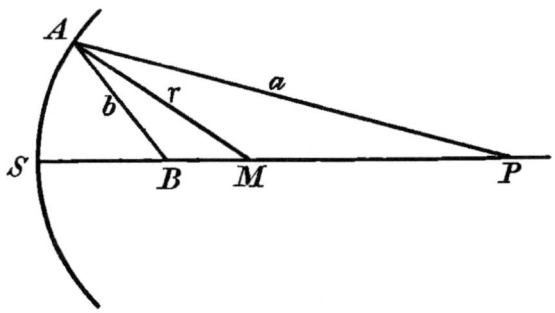

Fig. 11.

reflektierte Strahl, $AM = r$ der Krümmungsradius. Einfallsbez. Reflexionswinkel bei A sei i. Man setze $PA = a$, $AB = b$. Der Inhalt des Dreiecks PAB ist gleich der Summe der Inhalte der Dreiecke AMP und AMB. Es ist also:
$$b \cdot r \cdot \sin i + a \cdot r \cdot \sin i = a \cdot b \cdot \sin 2i$$
oder
$$b \cdot r \cdot \sin i + a \cdot r \cdot \sin i = 2ab \cdot \sin i \cos i.$$
Dividiert man diese Gleichung durch $a \cdot b \cdot r \cdot \sin i$, so erhält man:
$$\frac{1}{a} + \frac{1}{b} = \frac{2 \cos i}{r} \qquad (9)$$
Beschränkt man sich auf das paraxiale Strahlengebiet, so wird $\cos i = 1$ und Gl. (9) wird:

22 Kap. II. Von der Reflexion an sphärischen Flächen.

$$\frac{1}{a}+\frac{1}{b}=\frac{2}{r}, \qquad (10)$$

woraus mit Hilfe der Substitution (8) die Gl. (7) erhalten wird. Gl. (10) kann man auch in der Form schreiben:

$$\frac{1}{r}=\frac{1}{2}\left(\frac{1}{a}+\frac{1}{b}\right) \qquad (11)$$

Sind nun drei Zahlen x, y, z so beschaffen, daß der reziproke Wert von x gleich ist der halben Summe der reziproken Werte von y und z, daß also die Beziehung besteht

$$\frac{1}{x}=\frac{1}{2}\left(\frac{1}{y}+\frac{1}{z}\right),$$

so ist die Zahl x das harmonische Mittel zu den Zahlen y und z. Nach dieser Definition folgt aus Gl. (11), daß der Radius r das harmonische Mittel zur Objektweite a und zur Bildweite b ist. Scheitelpunkt des Spiegels, Krümmungsmittelpunkt, Objektpunkt und Bildpunkt sind mithin vier harmonische Punkte. Die Entfernung des Krümmungsmittelpunktes vom Scheitelpunkt wird durch Objektpunkt und Bildpunkt innen und außen nach demselben Verhältnis geteilt.

§ 4. Diskussion der Abbildungsgleichung.

Wie schon oben erwähnt, stellt Gl. (7) einen linearen Zusammenhang dar zwischen der Objektweite a und der Bildweite b. Wir wollen diese Abhängigkeit näher untersuchen. Zu diesem Zweck denken wir uns einen leuchtenden Objektpunkt P in unendlicher Entfernung auf der optischen Achse gelegen. Wir nähern den Punkt P allmählich dem Spiegel bis zum Scheitel S, d. h. wir lassen die Objektweite a das Intervall von $+\infty$ bis 0 durchlaufen und berechnen für jede Stellung des Punktes P die zugehörige Lage des konjugierten Bildpunktes mit Hilfe der Gleichung:

$$b=\frac{a}{a-1}, \qquad (12)$$

die sich leicht aus Gl. (7) ergibt, wenn man f der Einfachheit halber gleich der Einheit setzt, wobei zu bemerken ist, daß diese Voraussetzung keine beschränkende ist. In Tabelle II sind die Objektweiten a und die konjugierten

§ 4. Diskussion der Abbildungsgleichung.

Tabelle II.

Objektweite a	Bildweite b	Objektweite a	Bildweite b
∞	$+1$	1	∞
50	$+1{,}02$	0,99	-99
20	$+1{,}05$	0,9	-9
10	$+1{,}11$	0,8	-4
5	$+1{,}25$	0,6	$-1{,}5$
4	$+1{,}33$	0,5	-1
3,5	$+1{,}40$	0,3	$-0{,}43$
3	$+1{,}50$	0,2	$-0{,}25$
2,5	$+1{,}66$	0,1	$-0{,}11$
2	$+2{,}0$	0	0
1,5	$+3{,}0$		

Bildweiten b angegeben. In Fig. 12 ist die Kurve verzeichnet, die man erhält, wenn man die Objektweiten a auf der Abszissenachse, die konjugierten Bildweiten b auf der

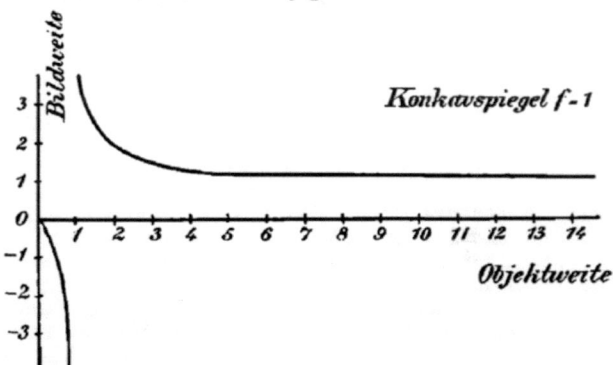

Fig. 12.

Ordinatenachse abträgt. Wir wollen auf die Bedeutung dieser Kurve etwas näher eingehen.

Liegt der Objektpunkt P im Unendlichen, verlaufen also die Strahlen parallel zur optischen Achse, so liegt das

24 Kap. II. Von der Reflexion an sphärischen Flächen.

Bild um die Einheit vom Scheitel des Spiegels entfernt. In diesem Falle ist also die Entfernung des Bildes vom Spiegel gerade gleich der Brennweite f. Den Bildpunkt nennt man in diesem Falle „Brennpunkt" oder „Fokus". Man kann also sagen: **Alle parallel zur optischen Achse auf den Konkavspiegel auffallenden Paraxialstrahlen vereinigen sich nach der Reflexion im Brennpunkt.** Dieser Brennpunkt liegt, da ja $f = r/_2$ ist, in der Mitte zwischen dem Spiegelscheitel und dem Krümmungsmittelpunkt. Nähert sich der Objektpunkt P dem Spiegel, so wird die Bildweite größer, d. h. das Bild entfernt sich vom Spiegel. **Objekt und Bild bewegen sich also in entgegengesetzter Richtung.** Beträgt die Entfernung des Objektpunktes vom Spiegelscheitel zwei Einheiten, so ist auch die Bildweite gleich zwei, d. h. befindet sich das Objekt im Krümmungsmittelpunkt — denn da $f = 1$ gesetzt war, ist $r = 2$ — so steht das zugehörige Bild an derselben Stelle. Dieses Verhalten erklärt sich leicht, wenn man bedenkt, daß, sobald der leuchtende Punkt im Krümmungsmittelpunkt liegt, der Einfallswinkel Null wird. Nähert sich der Objektpunkt dem Spiegel noch mehr, liegt das Objekt jetzt also zwischen Brennpunkt und Krümmungsmittelpunkt, d. h. außerhalb der einfachen und innerhalb der doppelten Brennweite, so entfernt sich das Bild noch mehr vom Spiegel, die Bildweite ist also jetzt größer als die Objektweite. Ist die Objektweite gleich eins, d. h. liegt der leuchtende Punkt im Fokus, so ist die Bildweite ∞, die Strahlen sind also jetzt nach der Reflexion parallel zur optischen Achse. Rückt das Objekt dem Spiegel noch näher, d. h. liegt es innerhalb der einfachen Brennweite, so wird die Bildweite negativ. Wir wollen untersuchen, welche Bedeutung dieses negative Vorzeichen hat. Wir denken uns in Fig. 13 einen Konkavspiegel mit dem Scheitel S, dem Brennpunkt F und dem Krümmungsmittelpunkt M. Der leuchtende Punkt P liege innerhalb der Brennweite. Ein von P ausgehender Paraxialstrahl PA wird in Richtung AB reflektiert. Dieser reflektierte Strahl schneidet die optische Achse nicht mehr, dagegen erzeugt seine rückwärtige Verlängerung mit der optischen Achse den Schnittpunkt C. Dieser Bildpunkt C ist jetzt virtuell, denn es schneiden sich in C nicht die Strahlen selbst, sondern nur ihre rückwärtigen

§ 5. Abbildungsgleichg., bezog. auf d. Krümmungsmittelpunkt. 25

Verlängerungen. Die virtuelle Bildweite SC liegt im Gegensatz zu den reellen Bildweiten hinter dem Spiegel. Vom Scheitelpunkt S des Spiegels aus liegen also die reellen Bilder nach rechts, die virtuellen nach links. Um diese Verschiedenheit in der Richtung auch mathematisch auszudrücken, schreibt man die reellen Bildweiten mit positivem, die virtuellen mit negativem Vorzeichen. Während also der

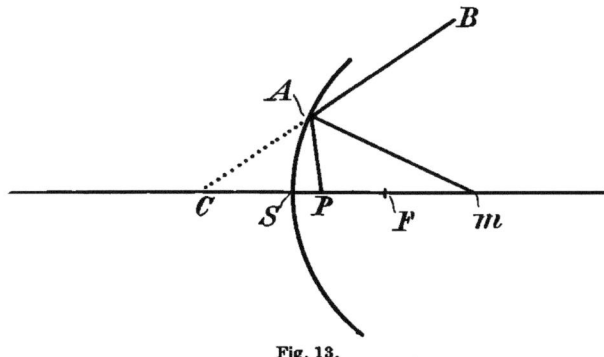

Fig. 13.

ebene Spiegel nur virtuelle Bilder liefert, erzeugt der Konkavspiegel reelle und virtuelle Bilder, und zwar reelle, solange sich der Objektpunkt außerhalb, virtuelle, solange er sich innerhalb der einfachen Brennweite befindet. Rückt der Objektpunkt dem Spiegel noch näher, so nähert sich das virtuelle Bild ebenfalls dem Spiegel. Im Scheitelpunkt S fallen Objektpunkt und Bildpunkt zusammen, d. h. der Objektweite Null entspricht die Bildweite Null.

§ 5. Abbildungsgleichung, bezogen auf den Krümmungsmittelpunkt.

Es soll noch eine andere Gleichung entwickelt werden, die eine Beziehung zwischen der Lage von Objekt- und Bildpunkt darstellt. In Fig. 14 sei S der Scheitel des Konkavspiegels, M der Krümmungsmittelpunkt, P ein Objektpunkt, P′ der konjugierte Bild-

26 Kap. II. Von der Reflexion an sphärischen Flächen.

punkt. Da wir uns auf das Paraxialgebiet beschränken, ist $PS = a$, $P'S = b$. Wir setzen $PM = s$, $P'M = s'$, so daß — wenn r der Krümmungsradius ist — die Beziehungen gelten:

$$a = r + s, \qquad b = r - s'$$

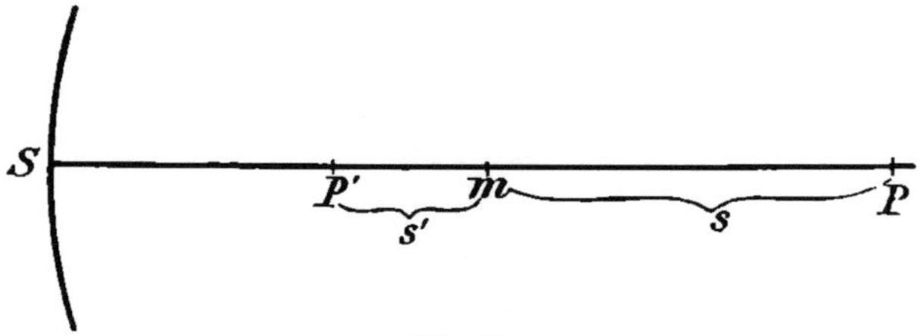

Fig. 14.

Setzt man diese Werte in Gl. (10) ein, so folgt:

$$\frac{1}{r+s} + \frac{1}{r-s'} = \frac{2}{r},$$

woraus man nach einigen Umformungen erhält:

$$\frac{1}{s'} - \frac{1}{s} = \frac{2}{r} \tag{13}$$

In dieser Gleichung beziehen sich also die Entfernungen s und s' auf den Krümmungsmittelpunkt.

§ 6. Abbildung von ausgedehnten Objekten.

Wir haben bisher nur immer solche Objektpunkte betrachtet, die auf der optischen Achse des Spiegels lagen, für welche also die Achse des vom Objektpunkt ausgehenden Strahlenkegels mit der optischen Achse des Spiegels zusammenfiel. Wir denken uns jetzt in Fig. 15 einen seitwärts von der optischen Achse gelegenen Objektpunkt P. Die Achse des von

§ 6. Abbildung von ausgedehnten Objekten.

P ausgehenden Strahlenkegels ist dann PMA. Ebenso wie es auf der optischen Achse einen Brennpunkt F gibt, so hat auch die zu P gehörige sekundäre Achse PMA einen Brennpunkt $\mathfrak{F}$, den man im Gegensatz zum **Hauptbrennpunkt F sekundären Brennpunkt** nennt. Er liegt in der Mitte zwischen A und M. Wie einem auf der optischen Achse gelegenen Objektpunkt Q ein auf derselben Achse gelegener konjugierter Bildpunkt Q' entspricht, so entspricht dem Objektpunkt P der auf der zugehörigen Achse gelegene

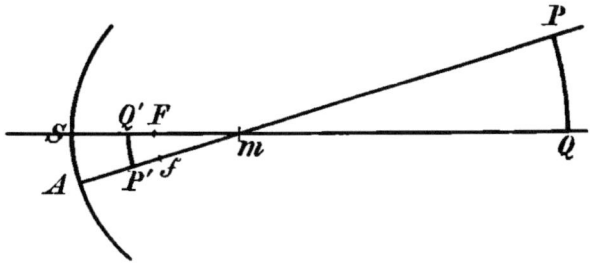

Fig. 15.

Bildpunkt P', und zwar ist, wenn MQ = MP angenommen wird, auch MQ' = MP', wie sich unmittelbar aus Gl. (13) ergibt. Wenn also Q sich auf einem Kreisbogen um M bewegt, so bewegt sich auch Q' auf einem Kreisbogen um M. Jedem Punkte des Kreisbogens PQ entspricht ein Punkt des Bogens P'Q'. Man kann mithin den Bogen PQ als Objekt, den Bogen P'Q' als konjugiertes Bild auffassen. Beschränken wir uns auf das paraxiale Gebiet, d. h. setzen wir den Winkel PMQ und also auch den Winkel P'MQ' als sehr klein voraus, so gehen die Kreisbogen PQ und P'Q' in die zugehörigen Kreis-

28 Kap. II. Von der Reflexion an sphärischen Flächen.

tangenten über, die bekanntlich senkrecht zur optischen Achse stehen. Wir können also den Satz aufstellen: **Ein kleines achsensenkrechtes Objekt wird unter Voraussetzung paraxialer Strahlen wieder als kleines achsensenkrechtes Bild abgebildet.**

§ 7. Bildkonstruktion beim Konkavspiegel.

Mittels des soeben gewonnenen Satzes kann man leicht zu einem kleinen, ausgedehnten Objekt das konjugierte Bild konstruieren. In Fig. 16 sei $PQ = y$

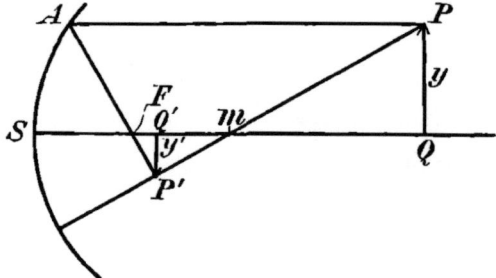

Fig. 16.

ein kleines, achsensenkrechtes Objekt. Um sein Bild zu konstruieren, verfahren wir folgendermaßen. Unter allen von P ausgehenden Strahlen ist einer — PA — der optischen Achse parallel; er geht nach der Reflexion durch den Fokus F. Ein zweiter von P ausgehender Strahl geht durch den Krümmungsmittelpunkt M und wird in sich selbst reflektiert. Die beiden reflektierten Strahlen schneiden sich im Punkte P′, dem Bilde des Punktes P. Fällt man von P′ das Lot P′Q′ zur optischen Achse, so ist nach dem obigen Satz $P'Q' = y'$ das Bild von PQ. Es ist reell und umgekehrt.

§ 8. Die Lateralvergrößerung.   29

Wir wollen noch den Fall untersuchen, daß das Objekt innerhalb der Brennweite liegt (Fig. 17). Die Konstruktion ist dieselbe wie in Fig. 16. Die reflektierten Strahlen selbst kommen nicht mehr zum Schnitt, sondern nur ihre rückwärtigen Verlängerungen. Das

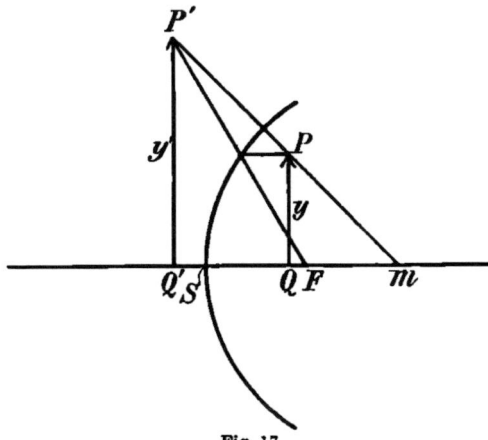

Fig. 17.

Bild ist virtuell und aufrecht. Wir kommen also zu folgendem Resultat: **Ein außerhalb der Brennweite gelegenes Objekt erzeugt ein reelles, umgekehrtes Bild vor dem Spiegel; ein innerhalb der Brennweite gelegenes Objekt dagegen erzeugt ein virtuelles, aufrechtes Bild hinter dem Spiegel.**

§ 8. Die Lateralvergrößerung.

Die beiden Bilder in Fig. 16 und 17 unterscheiden sich aber noch nach einer anderen Richtung voneinander. Sie haben verschiedene Größe, obgleich das

Kap. II. Von der Reflexion an sphärischen Flächen.

Objekt und der Spiegelradius in beiden Fällen gleich groß sind. Um diese Verhältnisse genauer zu untersuchen, führen wir den Begriff „Lateralvergrößerung" oder kurz „Vergrößerung" ein. Man definiert als Vergrößerung β den Quotienten aus Bildgröße und Objektgröße, so daß man hat:

$$\beta = \frac{y'}{y} \qquad (14)$$

Da jedoch die Größe des Bildes von vornherein nicht bekannt ist, soll y' auf bekannte Größen zurückgeführt werden. In Fig. 16 ist:

$$\frac{y'}{y} = \frac{MQ'}{MQ} \qquad (15)$$

Da, wie oben gezeigt, die vier Punkte S, M; Q', Q harmonische Punkte sind, so ist:

$$\frac{SQ'}{SQ} = \frac{MQ'}{MQ} \qquad (16)$$

Aus den Gl. (15) und (16) folgt, wenn man berücksichtigt, daß $SQ = a$, $SQ' = b$ ist:

$$\beta = \frac{y'}{y} = \frac{SQ'}{SQ} = \frac{b}{a} \qquad (17)$$

Aus der Gleichung

$$\frac{1}{a} + \frac{1}{b} = \frac{2}{r}$$

folgt:

$$\frac{a}{b} = \frac{2a}{r} - 1 = \frac{2a - r}{r} \qquad (18)$$

Folglich ergibt sich aus den Gl. (17) und (18):

$$\beta = \frac{r}{2a - r} \qquad (19)$$

§ 8. Die Lateralvergrößerung.

Aus dem Radius und der Objektweite a kann man also die Vergrößerung β berechnen. Die Bildweite b erhält man dann mittels der Gleichung:

$$b = a \cdot \beta, \qquad (20)$$

die aus Gl. (17) folgt. Gl. (20) besagt, daß die Bildweite gleich dem Produkt aus Objektweite und Lateralvergrößerung ist.

Es soll nun Gl. (19) noch etwas näher erläutert werden. Zunächst ist klar, daß β sowohl positiv als auch negativ sein kann. Es ist positiv, solange $2a - r > 0$, d. h. $a > \dfrac{r}{2}$ ist, solange also das Objekt außerhalb der Brennweite liegt. Da in diesem Falle das Bild, wie oben gezeigt, reell ist, so entspricht also einem positiven β ein umgekehrtes Bild. Die Vergrößerung wird negativ, wenn $2a - r < 0$, d. h. $a < \dfrac{r}{2}$ wird, wenn also das Objekt innerhalb der Brennweite liegt. Da in diesem Falle das Bild virtuell ist, so entspricht einem negativen β ein aufrechtes Bild. Wir wollen noch untersuchen, unter welchen Umständen die Vergrößerung gleich der Einheit wird. In diesem Falle ist also

$$\frac{r}{2a - r} = 1,$$

woraus sich $a = r$ ergibt, d. h. ein im Krümmungsmittelpunkt befindliches Objekt wird mit der Vergrößerung Eins in umgekehrter Lage abgebildet. Wie wir oben gesehen haben, ist dann die Bildweite wie die Objektweite gleich r. Ist die Vergrößerung gleich -1, so wird:

32 Kap. II. Von der Reflexion an sphärischen Flächen.

$$\frac{r}{2a-r} = -1;$$

woraus $a = 0$ folgt, d. h. das Objekt liegt im Scheitel des Spiegels. Das aufrechte Bild liegt dann an derselben Stelle.

Den ebenen Spiegel kann man auf den Konkavspiegel zurückführen, wenn man $r = \infty$ setzt. Gl. (19) würde dann für die Vergrößerung den unbestimmten Wert $\frac{\infty}{\infty}$ ergeben. Um dieser Schwierigkeit zu entgehen, dividieren wir in Gl. (19) Zähler und Nenner durch r durch. Es ergibt sich:

$$\beta = \frac{1}{\frac{2a}{r} - 1}.$$

Für $r = \infty$ wird $\beta = -1$, d. h. der ebene Spiegel liefert, wie schon oben bemerkt, virtuelle, aufrechte Bilder von der Größe des Objektes.

§ 9. Der Konvexspiegel.

In Fig. 18 denken wir uns einen Konvexspiegel mit dem Scheitel S, dem Krümmungsmittelpunkt M und dem Krümmungsradius r dargestellt. Ein vom Objektpunkt P ausgehender Strahl erzeugt den virtuellen Bildpunkt P'. Wir setzen $PA = a$, $P'A = b$, $\angle PAN = BAN = i$. Der Inhalt des Dreiecks PAP' ist gleich der Differenz der Inhalte der Dreiecke PAM und $P'AM$. Also ist:

$$a \cdot b \cdot \sin 2i = ar \sin i - br \sin i$$

oder

$$\frac{2\cos i}{r} = \frac{1}{b} - \frac{1}{a} \qquad (21)$$

§ 9. Der Konvexspiegel.

Beschränken wir uns auf Paraxialstrahlen, so wird $\cos i = 1$. Setzt man ferner wieder

$$\frac{2}{r} = \frac{1}{f},$$

so geht Gl. (21) über in:

$$\frac{1}{b} - \frac{1}{a} = \frac{1}{f} \tag{22}$$

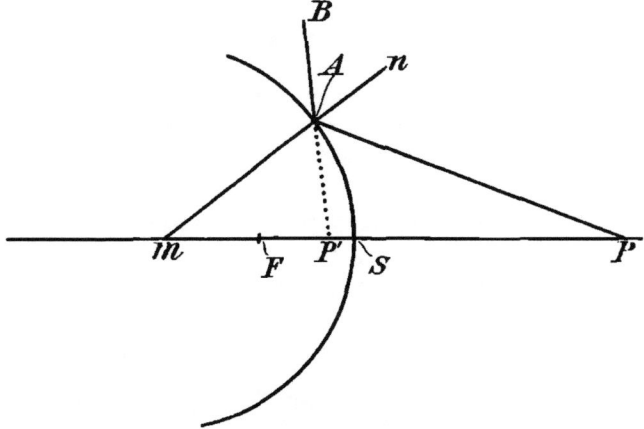

Fig. 18.

Da wir aber die Objektweite a positiv annehmen wollen — denn sie hat dieselbe Richtung wie beim Konkavspiegsl — so müssen wir schreiben:

$$\frac{1}{a} - \frac{1}{b} = -\frac{1}{f} \tag{23}$$

Die Brennweite eines Konvexspiegels ergibt sich also negativ. Der Brennpunkt F liegt hinter dem Spiegel in der Mitte zwischen S und M. Man kann

34 Kap. II. Von der Reflexion an sphärischen Flächen.

also sagen: **Die Gleichung** $\frac{1}{a} + \frac{1}{b} = \frac{1}{f}$ **gilt sowohl für den Konkav- als auch für den Konvexspiegel, sowohl für reelle als auch für virtuelle Bilder, sofern man bei einem Konvexspiegel die Brennweite, bei einem virtuellen Bild die Bildweite negativ in Rechnung zieht.**

Berechnet man für alle Objektweiten zwischen $+\infty$ und 0 aus Gl. (23) die zugehörigen Bildweiten ähnlich wie oben beim Konkavspiegel, so kommt man zu dem Resultat, daß, wenn sich der Objektpunkt aus dem Unendlichen bis zum Spiegelscheitel bewegt, der konjugierte Bildpunkt vom Brennpunkt bis zum Scheitel wandert. Der Konvexspiegel erzeugt also nur virtuelle Bilder.

§ 10. Bildkonstruktion beim Konvexspiegel.

Die Konstruktion des Bildes eines kleinen ausgedehnten Objektes erfolgt genau wie beim Konkav-

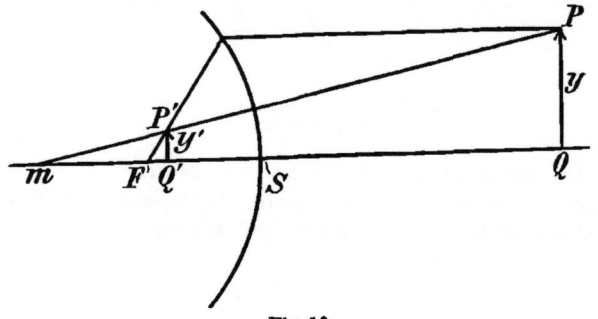

Fig. 19.

spiegel. In Fig. 19 ist eine solche Konstruktion ausgeführt. Sie lehrt, daß ein Konvexspiegel stets ver-

Übungen zu Kapitel II.

kleinerte Bilder erzeugt. Die Vergrößerung wird im äußersten Falle —1, wenn nämlich das Objekt sich im Scheitel des Spiegels befindet. Das Bild ist dann gleichgroß und gleichgerichtet.

Übungen zu Kapitel II.

1. Wie groß ist der Krümmungsradius r und die Brennweite f eines Konkavspiegels, wenn die Objektweite a = 25 cm und die konjugierte Bildweite b = 10 cm beträgt?
Für den Konkavspiegel gilt die Gleichung:
$$\frac{1}{a} + \frac{1}{b} = \frac{2}{r},$$
woraus man erhält:
$$r = \frac{2\,a\,b}{a+b}.$$
Demnach ergibt sich für den Krümmungsradius:
$$r = \frac{2 \cdot 25 \cdot 10}{25 + 10} = 14{,}29 \text{ cm}.$$
Die Brennweite f berechnet sich aus dem Radius r nach der Gleichung:
$$f = \frac{r}{2},$$
so daß sich ergibt:
$$f = 7{,}15 \text{ cm}.$$

2. Ein Konvexspiegel habe die Brennweite f = —29 cm. Wie groß ist die Objektweite a, wenn die konjugierte Bildweite b = —10 cm beträgt?
Aus der Gleichung
$$\frac{1}{a} + \frac{1}{b} = \frac{1}{f}$$
folgt:
$$a = \frac{b \cdot f}{b - f}.$$
Also erhält man:
$$a = \frac{290}{-10 + 29} = 15{,}26 \text{ cm}.$$

36   Kap. II. Von der Reflexion an sphärischen Flächen.

3. Ein Konkavspiegel habe die Brennweite $f = 30$ cm. Wie groß muß die Objektweite a sein, damit die konjugierte Bildweite b doppelt so groß ist?

Die Bedingungsgleichung ist also

$$b = 2a.$$

Also erhält man:

$$\frac{1}{a} + \frac{1}{2a} = \frac{1}{f},$$

woraus sich ergibt:

$$\frac{3}{2a} = \frac{1}{f}$$

oder

$$a = \frac{3f}{2} = \frac{3 \cdot 30}{2} = 45 \text{ cm}.$$

4. Gegeben ein Konkavspiegel von der Brennweite $f = 40$ cm. 100 cm vor dem Spiegel befinde sich ein Objekt von 2,5 cm Größe. An welcher Stelle befindet sich das konjugierte Bild, wie groß ist es, welches ist die Vergrößerung?

Aus der Gleichung:

$$\frac{1}{a} + \frac{1}{b} = \frac{1}{f}$$

folgt:

$$b = \frac{a \cdot f}{a - f},$$

also:

$$b = \frac{100 \cdot 40}{100 - 40} = 66{,}67 \text{ cm}.$$

Da sich die Bildgröße zur Objektgröße verhält wie die Bildweite zur Objektweite, so ist:

$$\frac{y'}{y} = \frac{b}{a}$$

oder

$$y' = \frac{b \cdot y}{a} = \frac{66{,}67 \cdot 2{,}5}{100} = 1{,}67 \text{ cm}.$$

Die Vergrößerung β berechnet sich nach der Gleichung:

$$\beta = \frac{y'}{y}$$

zu

$$\beta = \frac{1{,}67}{2{,}5} = 0{,}67.$$

Übungen zu Kapitel II.

5. Ein Konkavspiegel habe den Krümmungsradius $r = 30$ cm und die Öffnung $2\varepsilon = 40^0$. 100 cm vor dem Spiegel befinde sich ein leuchtender Objektpunkt. An welcher Stelle liegt der a) mittels Paraxialstrahlen, b) mittels Randstrahlen erzeugte Bildpunkt?

Um den mittels Paraxialstrahlen erzeugten Bildpunkt seiner Lage nach zu bestimmen, benutzen wir die Gleichung:
$$\frac{1}{a} + \frac{1}{b} = \frac{2}{r},$$
woraus sich ergibt:
$$b = \frac{a \cdot r}{2a - r} = \frac{100 \cdot 30}{200 - 30} = 17{,}65 \text{ cm}.$$

Um den Ort des mittels Randstrahlen erzeugten Bildpunktes zu berechnen, legen wir Fig. 20 zugrunde. In dem Dreieck ABM ist:
$$AB^2 = v^2 + r^2 - 2\,r\,v \cos 160^0,$$
d. h.
$$AB^2 = 70^2 + 30^2 + 2 \cdot 30 \cdot 70 \cdot \cos 20^0$$

Daraus erhält man:
$$AB = 98{,}73 \text{ cm}.$$

Aus demselben Dreieck folgt:
$$\frac{\sin \alpha}{\sin \varepsilon} = \frac{v}{AB}$$
oder
$$\sin \alpha = \frac{70 \cdot \sin 20^0}{98{,}73}.$$

Man erhält:
$$\alpha = 14^0\,2'\,4''.$$

Da auch $\sphericalangle PAM = \alpha = 14^0\,2'\,4''$ ist, so folgt aus dem Dreieck PAM:
$$\sphericalangle APM = 180^0 - (\alpha + \varepsilon) = 145^0\,57'\,56''.$$

In demselben Dreieck ist:
$$PM = \frac{r \cdot \sin \alpha}{\sin APM}.$$
Also:
$$PM = \frac{30 \cdot \sin 14^0\,2'\,4''}{\sin 34^0\,2'\,4''} = 13 \text{ cm}.$$

38 Kap. III. Von der Brechung an ebenen Flächen.

Für die Schnittweite des Randstrahles ergibt sich also:
$$PS = SM - PM = 30 - 13 = 17 \text{ cm.}$$
Während also der Bildpunkt, der mittels Paraxialstrahlen — Punkt P′ in Fig. 20 — erzeugt wurde, 17,65 cm

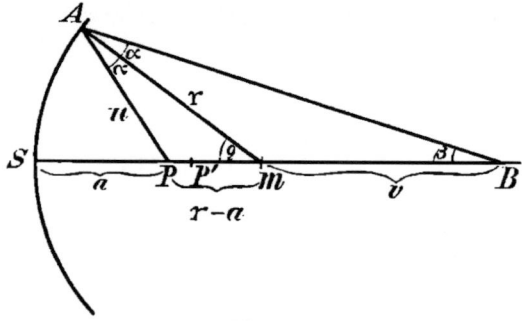

Fig. 20.

vom Spiegelscheitel entfernt ist, ist die Schnittweite für Randstrahlen nur 17 cm. Die Differenz PP′ der Vereinigungsweiten von Paraxialstrahlen und Randstrahlen nennt man „sphärische Longitudinal-Aberration" oder auch kurz „sphärische Aberration".

Kapitel III.
Von der Brechung an ebenen Flächen.
§ 1. Brechung an einer Ebene.

Es wurde oben in der Einleitung gezeigt, daß, wenn ein Lichtstrahl aus einem Medium vom Brechungsexponenten n in ein anderes vom Brechungsexponenten n′ übergeht, er aus seiner ursprünglichen Richtung abgelenkt wird. Und zwar besteht nach

§ 1. Brechung an einer Ebene.

Snellius, wenn der Einfallswinkel i, der Brechungswinkel i′ ist, die Gleichung:

$$\frac{\sin i}{\sin i'} = \frac{n'}{n}, \qquad (24)$$

die man auch schreiben kann:

$$n \cdot \sin i = n' \cdot \sin i' \qquad (25)$$

Ist der Brechungsexponent eines Mediums I größer als der eines Mediums II, so heißt das Medium I das

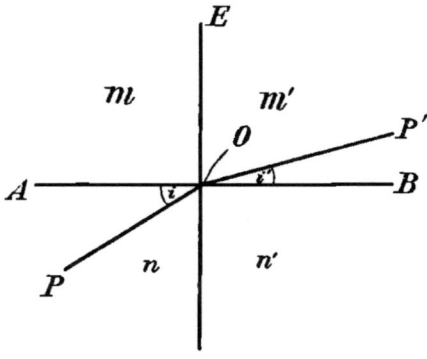

Fig. 21.

optisch dichtere, das Medium II das optisch dünnere. In Fig. 21 seien zwei Medien M und M′ mit den Brechungsexponenten n und n′ durch eine Ebene E getrennt. Es sei n < n′ vorausgesetzt. Ein von einem leuchtenden Punkt P ausgehender Strahl möge mit dem Einfallslot AOB den Einfallswinkel i und den Brechungswinkel i′ bilden. Nach der Brechung möge der Strahl durch den Punkt P′ gehen. Da n < n′ vorausgesetzt ist, so ist nach Gl. (24) sin i′ < sin i, also i′ < i. Tritt also ein Strahl aus einem

optisch dünneren in ein optisch dichteres Medium ein, so wird er zum Einfallslot gebrochen. Ebenso leicht erkennt man, daß, wenn **ein Strahl aus einem optisch dichteren in ein optisch dünneres Medium eintritt, er vom Einfallslot weggebrochen wird.** Aus diesem Umstande und auch aus dem Brechungsgesetz folgt, daß, wenn ein Lichtstrahl von P über O nach P′ gelangt, er auch umgekehrt von P′ über O nach P gelangen muß. Man nennt diese Eigenschaft eines Lichtstrahles „Reziprozität des Lichtweges"; dieselbe besteht bei jeder Reflexion und Brechung.

§ 2. Totale Reflexion.

Wir denken uns in Fig. 22 eine Ebene EE, die die beiden Medien Luft und Wasser voneinander trennt. Die Brechungsexponenten der beiden Medien sind — siehe oben — 1 und $4/3$. Von einem Punkt P im Wasser möge ein Strahl PA unter einem Einfallswinkel $i = 30°$ auf die Trennungsfläche fallen. Dann berechnet sich der Brechungswinkel i' aus der Gleichung:

$$\sin i' = n \cdot \sin i = 4/3 \sin 30°$$

zu $i' = 41° 48{,}7'$. Ebenso berechnet sich zu dem zum Strahl PB gehörigen Einfallswinkel von $40°$ der Brechungswinkel zu $58° 59{,}3'$. Der Einfallswinkel eines dritten Strahles PC sei $i = 55°$. Dann ist

$$\sin i' = 4/3 \sin 55° = 1{,}0922.$$

Es ergibt sich also für $\sin i'$ ein unmöglicher Wert, d. h. der Strahl wird gar nicht gebrochen, er gelangt nicht mehr in die Luft, sondern wird an der Trennungsfläche in das Wasser zurückreflektiert; es findet eine sog. totale Reflexion statt. Geht man all-

§ 2. Totale Reflexion.   41

mählich von kleineren zu größeren Einfallswinkeln über, so tritt einmal der Fall ein, daß der gebrochene Strahl längs der Trennungsfläche, also in Richtung T E verläuft. Dieser „streifende Austritt" tritt dann ein, wenn der Brechungswinkel i' = 90° ist. Der zugehörige Einfallswinkel, den wir i_g nennen wollen, berechnet sich dann nach der Gleichung:

$$\sin i_g = \frac{n'}{n} \qquad (26)$$

Er ist für den vorliegenden Fall 48° 35,4'. Wird der Einfallswinkel noch größer als i_g, so findet keine

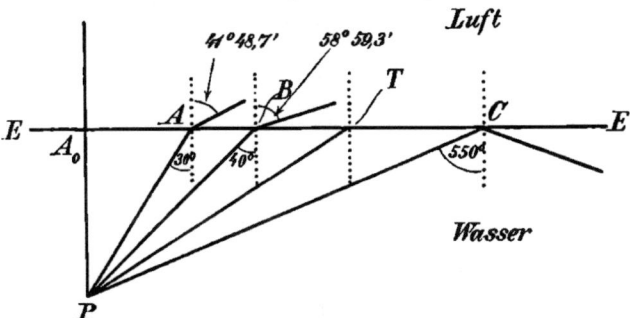

Fig. 22.

Brechung, sondern totale Reflexion statt. Man nennt deshalb diesen Winkel i_g den „Grenzwinkel der totalen Reflexion". Es ist leicht ersichtlich, daß die Erscheinung der totalen Reflexion nur dann eintreten kann, wenn Lichtstrahlen aus einem optisch dichteren in ein dünneres Medium übergehen. Bei senkrechter Inzidenz — Strahl PA_0 — dringt, wie aus dem Brechungsgesetz leicht ersichtlich ist, der Strahl in unveränderter Richtung in das benachbarte Medium ein.

42   Kap. III. Von der Brechung an ebenen Flächen.

§ 3. Konstruktion des an einer Ebene gebrochenen Strahles.

Es soll gezeigt werden, wie man zu einem einfallenden Strahl den zugehörigen gebrochenen mittels einer geometrischen Konstruktion finden kann. Die Ebene EE — Fig. 23 — trenne zwei Medien mit den Brechungsexponenten n und n'. Ein Strahl AB bilde den Einfallswinkel ABN = i, den wir als bekannt

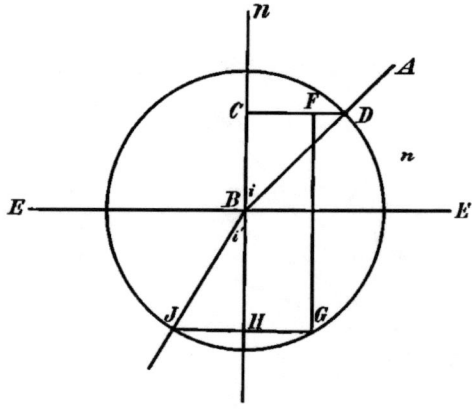

Fig. 23.

voraussetzen. Es soll der zugehörige gebrochene Strahl konstruiert werden. Man könnte aus den Größen n, n', i den Brechungswinkel i' aus dem Brechungsgesetz berechnen und an BN antragen; man kann jedoch auch den gebrochenen Strahl ohne trigonometrische Rechnung mit Hilfe einer einfachen geometrischen Konstruktion finden, und zwar sollen der Wichtigkeit halber zwei Methoden angegeben werden. Vorausgesetzt sei n' > n.

§ 3. Konstruktion des an einer Ebene gebrochenen Strahles. 43

I. Methode: In Fig. 23 ist EE die Trennungsfläche der beiden Medien, AB der einfallende Strahl, i der Einfallswinkel. Man errichte in einem beliebigen Punkt C des Einfallslotes BN das Lot, das den einfallenden Strahl in D schneidet. Auf CD bestimme man einen Punkt F so, daß die Proportion besteht CD:CF=n':n. Das in F auf CD errichtete Lot schneidet den um B mit BD als Radius konstruierten Kreis in G. In G errichte man auf FG das Lot, das den Kreis in J schneidet; dann ist BJ der gebrochene Strahl mit dem Brechungswinkel i'. Beweis: Es ist:

$$\sin i = \frac{CD}{BD}, \quad \sin i' = \frac{HJ}{BJ}.$$

Folglich ergibt sich, da BD=BJ ist:

$$\frac{\sin i}{\sin i'} = \frac{CD}{HJ} = \frac{CD}{HG} = \frac{CD}{CF} = \frac{n'}{n}.$$

Der Winkel i' genügt also dem Brechungsgesetz, d. h. BJ ist der gebrochene Strahl.

II. Methode: In Fig. 24 sei wieder AB der einfallende Strahl, i der Einfallswinkel. Man konstruiere um B zwei Halbkreise mit den Radien r und r', so daß die Beziehung besteht: r:r'=n:n'. Vom Schnittpunkt C des kleineren Halbkreises mit dem einfallenden Strahl fälle man das Lot CD auf EE, das den größeren Halbkreis in F schneidet. Dann ist die Verlängerung BG von BF der gebrochene Strahl und $\angle$ GBN'=FBN ist der Brechungswinkel i'. Beweis: Es ist in Fig. 24:

$$\angle ABN = i = \angle BCD,$$
$$\angle FBN = i' = \angle BFD,$$

folglich:
$$\sin i = \frac{BD}{BC} = \frac{BD}{r},$$
$$\sin i' = \frac{BD}{BF} = \frac{BD}{r'}.$$

44 Kap. III. Von der Brechung an ebenen Flächen.

Also erhält man:
$$\frac{\sin i}{\sin i'} = \frac{r'}{r} = \frac{n'}{n}.$$
Der Winkel i' ist mithin der Brechungswinkel.

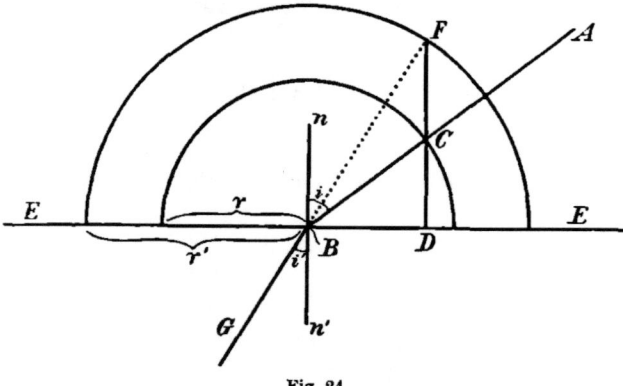

Fig. 24.

§ 4. Die planparallele Platte.

In Fig. 25 sei eine in Luft befindliche, auf beiden Seiten plane Glasplatte GG dargestellt. Ein die Platte treffender Strahl AB wird zunächst nach C und dann beim Austritt aus der Platte noch einmal nach D gebrochen. Einfalls- bzw. Brechungswinkel seien der Reihe nach i, i', i_1, i_1'. Da $\measuredangle i' = \measuredangle i_1$ ist, so folgt aus dem Brechungsgesetz, daß auch $\measuredangle i = \measuredangle i_1'$ ist, d. h. **beim Durchgang durch eine planparallele Platte bleibt der Lichtstrahl mit sich parallel. Jedoch findet im allgemeinen eine seitliche Verschiebung $\varDelta$ statt.**

Das Maß der seitlichen Verschiebung ist der Abstand des in die Platte eintretenden vom austretenden Strahl, in

§ 4. Die planparallele Platte.

unserm Falle ist also $\Delta = BQ$. Wir wollen diese seitliche Verschiebung berechnen. Aus dem Dreieck BCQ ergibt sich:

$$\sin(i_1' - i_1) = \frac{\Delta}{BC} \tag{27}$$

Fällt man von B das Lot BQ_1 auf die hintere Ebene, so ist, wenn man die Dicke der Platte mit d bezeichnet:

$$\cos i' = \frac{d}{BC}. \tag{28}$$

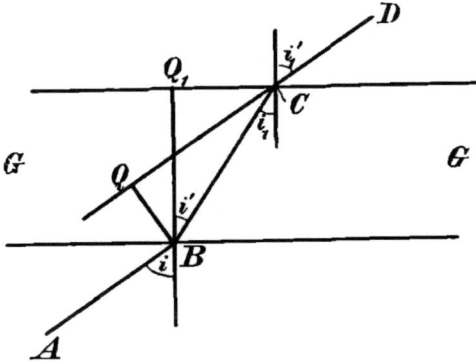

Fig. 25.

Aus den Gl. (27) und (28) folgt:

$$\Delta = \frac{d \cdot \sin(i_1' - i_1)}{\cos i'},$$

wofür man auch schreiben kann:

$$\Delta = \frac{d \cdot \sin(i - i')}{\cos i'} \tag{29}$$

Setzt man den Brechungsexponenten der Platte gleich n, den der Luft gleich 1, so ist:

$$\sin i' = \frac{1}{n} \cdot \sin i.$$

Kap. III. Von der Brechung an ebenen Flächen.

Mittels dieser Relation geht Gl. (29) über in:

$$\Delta = d \sin i \, \frac{\sqrt{n^2 - \sin^2 i} - \sqrt{1 - \sin^2 i}}{\sqrt{n^2 - \sin^2 i}}.$$

Erweitert man die rechte Seite noch mit $\sqrt{n^2 - \sin^2 i} + \sqrt{1 - \sin^2 i}$, so ergibt sich:

$$\Delta = \frac{d \sin i}{(n^2 - \sin^2 i)^{\frac{1}{2}}} \cdot \frac{n^2 - 1}{(n^2 - \sin^2 i)^{\frac{1}{2}} + (1 - \sin^2 i)^{\frac{1}{2}}} \quad (30)$$

Für $d = 0$ und $i = 0$ folgt aus Gl. (30): $\Delta = 0$, d. h. bei unendlich dünnen Platten oder bei senkrechter Inzidenz ist die seitliche Verschiebung gleich Null.

§ 5. Das Prisma.

Ein von zwei gegeneinander geneigten ebenen Flächen begrenztes Medium nennt man im optischen Sinne ein **Prisma**. Die Gerade, in der sich die beiden Flächen schneiden, heißt die **Prismenkante**. Der Neigungswinkel der beiden Begrenzungsflächen heißt der „**brechende Winkel**". **Hauptschnitt** nennt man den Durchschnitt des Prismas mit einer zur Prismenkante senkrechten Ebene. In Fig. 26 ist der Schnitt eines Prismas mit der Papierebene dargestellt. AB und AC sind die begrenzenden ebenen Flächen, A ist die — in der Figur zum Punkt verkürzte — Prismenkante, $\angle BAC = \alpha$ der brechende Winkel.

Charakteristisch für ein Prisma ist erstens der brechende Winkel und zweitens der Brechungsexponent der Prismensubstanz, während die anderen Größen, wie Länge der Kante, Größe der Flächen, gar nicht in Betracht kommen. Auch die Basis BC des Prismas spielt keine Rolle.

Ein Lichtstrahl DE möge auf die erste brechende Fläche fallen. Der Einfallswinkel sei i_1, der Brechungs-

§ 5. Das Prisma. 47

winkel i_1' Der gebrochene Strahl trifft die zweite Fläche in F und wird hier noch einmal nach G gebrochen. Bei F entstehen die Winkel i_2' und i_2. Die beiden Einfallslote in E und F schneiden sich in H. Die Verlängerungen des einfallenden Strahles DE und des austretenden Strahles FG bilden miteinander den spitzen Winkel β, den man die „Totalablenkung"

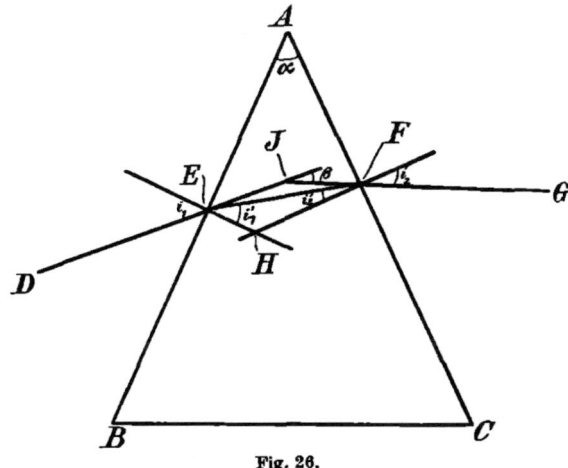

Fig. 26.

nennt. Den Brechungsexponenten der Prismensubstanz bezeichnen wir mit n. Infolge des Brechungsgesetzes bestehen die Gleichungen:

$$\sin i_1 = n \cdot \sin i_1' \qquad (31)$$
$$\sin i_2 = n \cdot \sin i_2' \qquad (32)$$

Da in dem Viereck AEHF die Winkel bei E und F rechte sind, so folgt:

$$\alpha = i_1' + i_2' \qquad (33)$$

48 Kap. III. Von der Brechung an ebenen Flächen.

Beachtet man, daß $\sphericalangle \beta$ Außenwinkel an der Spitze des Dreiecks JEF ist, so folgt:

$$\beta = i_1 + i_2 - (i_1' + i_2') = i_1 + i_2 - \alpha \qquad (34)$$

§ 6. Senkrechte Inzidenz.

Im Falle der senkrechten Inzidenz ist $i_1 = 0$; dann ist zufolge Gl. (31) auch $i_1' = 0$, und aus Gl. (33) folgt:

$$\alpha = i_2' \qquad (35)$$

Aus Gl. (34) ergibt sich dann:

$$i_2 = \alpha + \beta \qquad (36)$$

Unter Berücksichtigung der Gl. (35) und (36) folgt aus Gl. (32):

$$n = \frac{\sin(\alpha + \beta)}{\sin \alpha} \qquad (37)$$

§ 7. Das Minimum der Ablenkung.

Gl. (34) besagt, daß die Totalablenkung β abhängig ist von dem konstanten brechenden Winkel α und den beiden veränderlichen Winkeln i_1 und i_2. Ändern sich die Winkel i_1 und i_2, so ändert sich auch die Ablenkung β.

Wir wollen nun nachweisen, daß die Totalablenkung β einmal ein Minimum wird, und zwar für den Fall, daß der Strahl das Prisma symmetrisch durchsetzt, daß also

$$i_1 = i_2 \quad \text{und} \quad i_1' = i_2'$$

ist.

Aus den Gl. (31) und (32) folgt:

$$\sin i_1 + \sin i_2 = n(\sin i_1' + \sin i_2'),$$
$$\sin i_1 - \sin i_2 = n(\sin i_1' - \sin i_2'),$$

wofür man auch schreiben kann:

§ 7. Das Minimum der Ablenkung.

$$\left. \begin{array}{l} \sin\dfrac{i_1+i_2}{2}\cos\dfrac{i_1-i_2}{2} = n\cdot\sin\dfrac{i_1'+i_2'}{2}\cdot\cos\dfrac{i_1'-i_2'}{2} \\ \cos\dfrac{i_1+i_2}{2}\cdot\sin\dfrac{i_1-i_2}{2} = n\cdot\cos\dfrac{i_1'+i_2'}{2}\cdot\sin\dfrac{i_1'-i_2'}{2} \end{array} \right\} \quad (38)$$

Aus den beiden letzten Gleichungen folgt durch Division:

$$\operatorname{tg}\frac{i_1+i_2}{2}\cdot\cot\frac{i_1-i_2}{2} = \operatorname{tg}\frac{i_1'+i_2'}{2}\cdot\cot\frac{i_1'-i_2'}{2}$$

oder:

$$\operatorname{tg}\frac{i_1+i_2}{2}\cdot\operatorname{tg}\frac{i_1'-i_2'}{2} = \operatorname{tg}\frac{i_1'+i_2'}{2}\cdot\operatorname{tg}\frac{i_1-i_2}{2}$$

oder endlich:

$$\frac{\operatorname{tg}\dfrac{i_1+i_2}{2}}{\operatorname{tg}\dfrac{i_1-i_2}{2}} = \frac{\operatorname{tg}\dfrac{i_1'+i_2'}{2}}{\operatorname{tg}\dfrac{i_1'-i_2'}{2}} \qquad (39)$$

Ist $n>1$, so ist:

$$\begin{array}{c} i_1 > i_1' \\ i_2 > i_2' \\ i_1+i_2 > i_1'+i_2', \end{array}$$

mithin auch:

$$\operatorname{tg}\frac{i_1+i_2}{2} > \operatorname{tg}\frac{i_1'+i_2'}{2} \qquad (40)$$

Sind die beiden Differenzen

$$i_1-i_2, \qquad i_1'-i_2'$$

von Null verschieden, so ergibt sich aus Gl. (39), wenn man Gl. (40) berücksichtigt:

50 Kap. III. Von der Brechung an ebenen Flächen.

$$\operatorname{tg}\frac{i_1-i_2}{2} > \operatorname{tg}\frac{i_1'-i_2'}{2},$$

d. h.
$$\frac{i_1-i_2}{2} > \frac{i_1'-i_2'}{2},$$

oder:
$$\cos\frac{i_1-i_2}{2} < \cos\frac{i_1'-i_2'}{2}$$

oder endlich:
$$\frac{\cos\dfrac{i_1'-i_2'}{2}}{\cos\dfrac{i_1-i_2}{2}} > 1 \tag{41}$$

Sind dagegen die beiden Differenzen:
$$i_1-i_2, \qquad i_1'-i_2'$$
gleich Null — in diesem Falle ist also $i_1=i_2$ und $i_1'=i_2'$ und wir haben **symmetrischen Strahlengang** —, so nimmt der Bruch (41) seinen kleinsten Wert an, nämlich:
$$\frac{\cos\dfrac{i_1'-i_2'}{2}}{\cos\dfrac{i_1-i_2}{2}} = 1 \tag{42}$$

Nach den Gl. (33) und (34) ist:
$$\alpha = i_1' + i_2',$$
$$\alpha + \beta = i_1 + i_2.$$

Mithin wird Gl. (38):
$$\sin\frac{\alpha+\beta}{2} = n \cdot \sin\frac{\alpha}{2} \cdot \frac{\cos\dfrac{i_1'-i_2'}{2}}{\cos\dfrac{i_1-i_2}{2}}, \tag{42a}$$

woraus sich ergibt, wenn man Gl. (42) berücksichtigt:

$$n = \frac{\sin\frac{\alpha+\beta}{2}}{\sin\frac{\alpha}{2}} \qquad (43)$$

Aus Gl. (42a) folgt aber, daß, wenn der Ausdruck $\dfrac{\cos\dfrac{i_1'-i_2}{2}}{\cos\dfrac{i_1-i_2}{2}}$ seinen kleinsten Wert — nämlich 1 — annimmt, auch die Totalablenkung β ein Minimum wird.

Wir sind also zu folgendem Resultat gekommen: **Durchdringt ein Lichtstrahl das Prisma symmetrisch, so daß also**

$$i_1 = i_2, \qquad i_1' = i_2'$$

ist, so ist die Totalablenkung β ein Minimum; in diesem Falle besteht zwischen dem Brechungsexponenten n der Prismensubstanz, dem brechenden Winkel α und der Totalablenkung β die Beziehung

$$n = \frac{\sin\frac{\alpha+\beta}{2}}{\sin\frac{\alpha}{2}}.$$

§ 8. Prismen mit kleinem brechenden Winkel.

In der Praxis tritt häufig der Fall ein, daß der brechende Winkel eines Prismas sehr klein ist. Zufolge der Gl. (33) sind dann auch die beiden Winkel i_1' und i_2' und

also auch die Winkel i_1 und i_2 sehr klein, so daß die Gl. (31) und (32) übergehen in:
$$i_1 = n i_1',$$
$$i_2 = n i_2'.$$

Setzt man diese Werte in Gl. (34) ein, so ergibt sich:
$$\beta = n i_1' + n i_2' - (i_1' + i_2') = (n-1)(i_1' + i_2')$$
oder
$$\beta = (n-1)\alpha \qquad (44)$$

Gl. (44) besagt, daß für ein Prisma mit kleinem brechenden Winkel die Totalablenkung einen konstanten Wert hat.

Übungen zu Kapitel III.

1. Beweise den Satz: **Das Licht braucht, um von einem Punkt P eines Mediums zu einem Punkt P' eines zweiten Mediums zu gelangen, die kürzeste Zeit.**

In Fig. 27 seien zwei Medien mit den Brechungsexponenten n und n' durch eine Ebene EE voneinander getrennt. Die Geschwindigkeit des Lichtes im Medium mit dem Brechungsexponenten n sei v, die im andern Medium sei v'. Auf der Trennungsebene EE sei ein Punkt A so bestimmt, daß
$$n \cdot \sin i = n' \sin i'$$
ist, wenn NAN' senkrecht zu EE ist, und wenn $\sphericalangle$ PAN $= i$, $\sphericalangle$ P'AN' $= i'$ ist. Auf der Fläche EE sei ferner ein willkürlicher Punkt B angenommen und mit P und P' verbunden. Von B aus fälle man das Lot BC auf die Verlängerung von PA und das Lot BD auf AP'. Aus der Figur ist leicht ersichtlich, daß $\sphericalangle$ ABC $= i$ und $\sphericalangle$ ABD $= i'$ ist.

Der Punkt P durchläuft die Strecke PA in der Zeit $\frac{PA}{v}$, die Strecke AP' in der Zeit $\frac{AP'}{v'}$, den ganzen Weg PAP' also in der Zeit
$$t = \frac{PA}{v} + \frac{AP'}{v'} \qquad (45)$$

Übungen zu Kapitel III.

Ebenso durchläuft der Punkt den Weg PBP' in der Zeit
$$T = \frac{PB}{v} + \frac{BP'}{v'} \tag{46}$$

Der Weg PAP' ist aber der Weg, den ein Lichtstrahl durcheilt, um von P nach P' zu gelangen, denn der Punkt A ist dadurch bestimmt, daß

$$n \cdot \sin i = n' \sin i'$$

ist. Der Punkt B dagegen ist ein beliebiger. Wenn wir also beweisen können, daß

$$t < T$$

ist, so ist damit nachgewiesen, daß das Licht die kürzeste Zeit braucht, um von P nach P' zu gelangen.

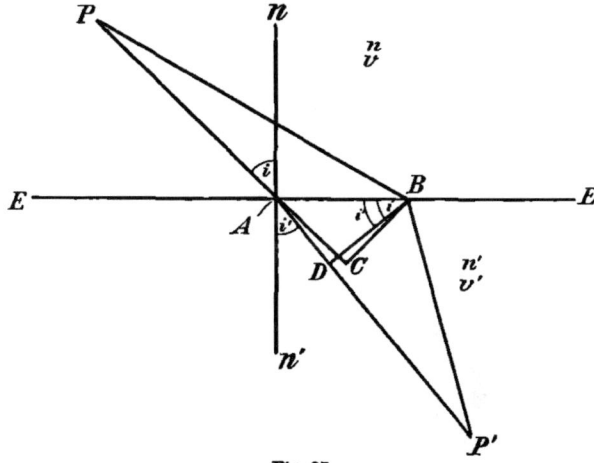

Fig. 27.

Aus der Figur folgt:
$$PB > PC$$
oder
$$PB > PA + AC \tag{47}$$
Ebenso:
$$BP' > DP'$$
oder
$$BP' > AP' - AD \tag{48}$$

Kap. III. Von der Brechung an ebenen Flächen.

Aus den Gl. (47) und (48) folgt:
$$\frac{PB}{v} > \frac{PA}{v} + \frac{AC}{v'}$$
$$\frac{BP'}{v'} > \frac{AP'}{v'} - \frac{AD}{v}.$$

Durch Addition der beiden letzten Gleichungen erhält man:
$$\frac{PB}{v} + \frac{BP'}{v'} > \frac{PA}{v} + \frac{AP'}{v'} + \frac{AC}{v} - \frac{AD}{v'}.$$

Hieraus erhält man, wenn man die Gl. (45) und (46) berücksichtigt:
$$T > t + \frac{AC}{v} - \frac{AD}{v'} \qquad (49)$$

Aus der Figur folgt:
$$AC = AB \sin i$$
$$AD = AB \sin i',$$
woraus sich ergibt:
$$\frac{AC}{v} = \frac{AB \sin i}{v}$$
$$\frac{AD}{v'} = \frac{AB \sin i'}{v'},$$
folglich:
$$\frac{AC}{v} - \frac{AD}{v'} = AB \left(\frac{\sin i}{v} - \frac{\sin i'}{v'} \right) \qquad (50)$$

Nach dem Brechungsgesetz ist:
$$\frac{\sin i}{\sin i'} = \frac{n'}{n}$$
und, da sich die Brechungsexponenten umgekehrt wie die Geschwindigkeiten verhalten:
$$\frac{\sin i}{\sin i'} = \frac{v}{v'}$$
oder
$$\frac{\sin i}{v} = \frac{\sin i'}{v'}$$
oder
$$\frac{\sin i}{v} - \frac{\sin i'}{v'} = 0.$$

Demnach geht Gl. (50) über in:
$$\frac{AC}{v} - \frac{AD}{v'} = 0.$$
Dann folgt aus Gl. (49):
$$T > t,$$
womit der oben angeführte Satz bewiesen ist. Bemerkt sei hier, daß dieser Satz ohne Beschränkung nur dann gilt, wenn die Brechung des Lichtes an ebenen Flächen vor sich geht. Erfolgt dagegen die Brechung an krummen Flächen, so gilt er nur bedingt.

2. Gegeben ein Prisma vom brechenden Winkel $\alpha = 50^0$ und vom Brechungsexponenten $n = 1{,}5$. Wie groß muß der Einfallswinkel sein, damit die Totalablenkung β ein Minimum wird?

Im Falle des Minimums der Ablenkung durchsetzt der Strahl das Prisma symmetrisch. Es ist also — siehe Fig. 26 —
$$i_1' = i_2'.$$
Da andrerseits
$$\alpha = i_1' + i_2'$$
ist, so folgt:
$$i_1' = \frac{\alpha}{2}.$$
Für den Einfallswinkel i_1 erhält man dann
$$\sin i_1 = n \sin \frac{\alpha}{2},$$
d. h.
$$\sin i_1 = 1{,}5 \cdot \sin 25^0.$$
Es ergibt sich:
$$i_1 = 39^0\ 20'\ 27''.$$

3. Wie groß muß in der vorigen Aufgabe der Einfallswinkel sein, damit der Strahl an der zweiten Prismenfläche total reflektiert wird?

Der Grenzfall des streifenden Austritts tritt dann ein, wenn — Fig. 28 —
$$i_2 = 90^0$$
ist. Dann ist
$$\sin i_2' = \frac{1}{n} = \frac{1}{1{,}5}.$$

Man erhält:
$$i_2' = 41°\,48'\,40''.$$

Aus der Gleichung:
$$\alpha = i_1' + i_2'$$
folgt:
$$i_1' = \alpha - i_2' = 50° - 41°\,48'\,40'' = 8°\,11'\,20''.$$

Der Einfallswinkel i_1 berechnet sich dann aus der Gleichung:
$$\sin i_1 = n \cdot \sin i_1' = 1{,}5 \cdot \sin 8°\,11'\,20''.$$
Es ergibt sich:
$$i_1 = 12°\,20'\,12''.$$

Kapitel IV.
Von der Brechung an einer Kugelfläche.

§ 1. Abbildungsgleichung, bezogen auf den Flächenscheitel.

Wir denken uns in Fig. 27a eine Kugelfläche mit dem Mittelpunkt M, die zwei Medien mit den Brechungsexponenten n und n' voneinander trennt. Die Verbindungsgerade des Mittelpunktes M mit dem

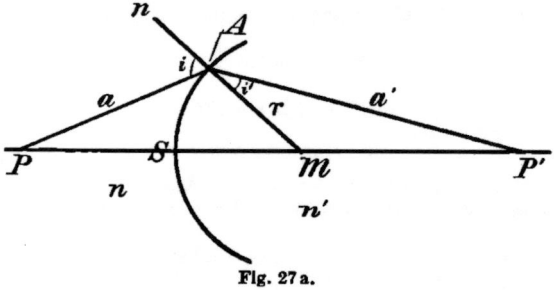

Fig. 27a.

Scheitel S der Kugelfläche nennt man optische Achse. Von einem leuchtenden, auf der optischen Achse gelegenen Punkt P gehe ein Strahl aus, der die

§ 1. Abbildungsgleichung, bezogen auf den Flächenscheitel.

brechende Fläche in A trifft. Hier wird der Strahl ebenso gebrochen, als erfolgte die Brechung an der zu A gehörigen Tangentialebene der Kugelfläche. Der gebrochene Strahl schneidet die optische Achse im Punkt P'. Das Einfallslot ist MAN. Der Einfallswinkel ist $PAN = i$, der Brechungswinkel $P'AM = i'$. Wir setzen $PA = a$, $P'A = a'$, den Radius $MA = r$. Der Inhalt des Dreiecks PAP' ist gleich der Summe der Inhalte der Dreiecke PAM und P'AM. Folglich ist:

$$a \cdot r \cdot \sin i + a' r \cdot \sin i' = a \cdot a' \sin(i - i')$$

oder

$$\frac{\sin i}{a'} + \frac{\sin i'}{a} = \frac{1}{r} [\sin i \cdot \cos i' - \cos i \cdot \sin i']$$

$$\frac{1}{a'} + \frac{1}{a} \cdot \frac{\sin i'}{\sin i} = \frac{1}{r} \left[\cos i' - \cos i \cdot \frac{\sin i'}{\sin i} \right] \qquad (51)$$

Nach dem Brechungsgesetz ist:

$$n \cdot \sin i = n' \cdot \sin i'$$

oder

$$\frac{\sin i'}{\sin i} = \frac{n}{n'}.$$

Gl. (51) geht also über in:

$$\frac{1}{a'} + \frac{1}{a} \cdot \frac{n}{n'} = \frac{1}{r} \left[\cos i' - \cos i \cdot \frac{n}{n'} \right]$$

oder

$$\frac{n}{a} + \frac{n'}{a'} = \frac{1}{r} [n' \cos i' - n \cdot \cos i] \qquad (52)$$

Beschränkt man sich auf Paraxialstrahlen, so geht Gl. (52) über in:

$$\frac{n}{a} + \frac{n'}{a'} = \frac{1}{r} (n' - n) \qquad (53)$$

Die beiden Strecken a und a' muß man sich jetzt auf der optischen Achse liegend vorstellen — siehe Fig. 28. Wir nennen a die **Objektweite**, b die **Bildweite**; beide führen den gemeinsamen Namen „**Schnittweite**". Den Raum links von der brechenden Fläche, in dem sich der Objektpunkt P befindet, nennen wir **Objektraum**, den Raum rechts von der brechenden Fläche, in dem der Bildpunkt P' liegt, dagegen **Bildraum**.

§ 2. Brennpunkt und Brennweite.

Gl. (53) besagt, daß die zu einer gegebenen Objektweite a zugehörige Bildweite a' unabhängig vom Einfallswinkel i, mithin auch unabhängig vom Brechungswinkel i' ist. Daraus folgt, daß **alle von einem leuchtenden Punkt P ausgehenden Paraxialstrahlen sich nach der Brechung streng in einem Punkt P', dem Bilde von P, vereinigen.** Die beiden Punkte P und P' heißen **konjugierte Punkte**. Die in ihnen senkrecht zur optischen Achse errichteten Ebenen heißen **konjugierte Ebenen**.

Wenn sich in Fig. 28 der Objektpunkt P von links aus dem Unendlichen kommend allmählich dem Scheitel S der Fläche nähert, so entspricht jeder Lage von P nach Gl. (53) eine ganz bestimmte Lage des Bildpunktes P'. Liegt P links von S im Unendlichen, so folgt aus Gl. (53) für die zugehörige Bildweite:

$$a' = \frac{n' \cdot r}{n' - n} \qquad (53a)$$

Da die Strahlen in diesem Falle im Objektraum parallel zur optischen Achse verlaufen, so nennt man ihren Vereinigungspunkt F' nach der Brechung in

§ 2. Brennpunkt und Brennweite.

Analogie zum Konkavspiegel den **hinteren Brennpunkt**. Die Größe

$$f' = \frac{n' \cdot r}{n' - n} \tag{54}$$

nennt man **hintere Brennweite**. Nähert sich P der brechenden Fläche, so entfernt sich P' von ihr. Wird $a = \frac{n \cdot r}{n' - n}$, so folgt aus Gl. (53): $a' = \infty$. Jetzt liegt also das Bild im Unendlichen; die Strahlen verlaufen im Bildraum parallel zur optischen Achse. Man setzt:

$$f = \frac{n \cdot r}{n' - n} \tag{55}$$

und nennt f die **vordere Brennweite**. Trägt man f vom Scheitel S nach links auf der optischen Achse

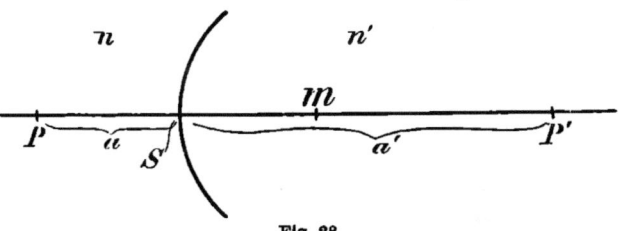

Fig. 28.

bis zum Punkte F ab, so heißt F der **vordere Brennpunkt**.

Zwischen den Brennweiten f und f' bestehen noch einige wichtige Beziehungen, die sich leicht ableiten lassen. Zunächst folgt aus den Gl. (54) und (55):

$$\frac{f}{f'} = \frac{n}{n'}, \tag{56}$$

Kap. IV. Von der Brechung an einer Kugelfläche.

d. h. die beiden Brennweiten verhalten sich wie die Brechungsexponenten der zugehörigen Medien.

Dividiert man Gl. (53) durch $\frac{n'-n}{r}$ durch, so erhält man:

$$\frac{f}{a} + \frac{f'}{a'} = 1 \qquad (57)$$

§ 3. Konvergenz und Dioptrie.

Wir denken uns wieder eine brechende Kugelfläche, die zwei Medien mit den Brechungsexponenten n und n' voneinander trennt. Die beiden Brennweiten seien f und f'. Die zu einem Objektpunkt gehörige Objektweite sei a, die konjugierte Bildweite a'.

Dividiert man jede der beiden Schnittweiten durch den zugehörigen Brechungsexponenten, so erhält man die Quotienten $\frac{a}{n}$ und $\frac{a'}{n'}$, die man „reduzierte Schnittweiten" nennt. Ihre reziproken Werte:

$$A = \frac{n}{a}, \qquad A' = \frac{n'}{a'} \qquad (58)$$

nennt man die „reduzierten Konvergenzen". Den reziproken Wert D der reduzierten Brennweite nennt man die „Brechkraft" der Fläche. Wegen der Beziehung

$$\frac{f}{f'} = \frac{n}{n'}$$

hat man sofort:

$$D = \frac{n}{f} = \frac{n'}{f'} \qquad (59)$$

§ 3. Konvergenz und Dioptrie.

Aus den Gl. (53) und (55) folgt:

$$\frac{n}{a}+\frac{n'}{a'}=\frac{n'-n}{r}=\frac{n}{f}=\frac{n'}{f'}$$

oder unter Berücksichtigung der Gl. (58) und (59):

$$A+A'=D,$$

d. h. die Summe der reduzierten Konvergenzen ist gleich der Brechkraft der Fläche.

Die Einheit der Brechkraft ist die „Dioptrie". Denken wir uns, das eine der durch die Fläche getrennten Medien sei Luft und die zugehörige Brennweite gleich 1 m, so ist die Brechkraft

$$D = 1 \text{ Dioptrie.}$$

Wäre die Brennweite 2 m, 4 m, $\frac{1}{2}$ m, $\frac{1}{4}$ m, so wäre die Brechkraft $\frac{1}{2}$ Dioptr., $\frac{1}{4}$ Dioptr., 2 Dioptr., 4 Dioptr.

Die Definition der Dioptrie macht es erforderlich, daß bei der Anwendung der Dioptrie- und Konvergenzrechnung als Längeneinheit stets das Meter gewählt wird[1]).

§ 4. Abbildungsgleichung, bezogen auf den Krümmungsmittelpunkt.

In Fig. 29 sei wieder eine brechende Fläche mit dem Scheitel S, dem Krümmungsmittelpunkt M und dem Radius r dargestellt. F und F' sind die beiden Brennpunkte, P ein Objektpunkt, P' der zugehörige Bildpunkt. Dann ist nach unseren früheren Bezeich-

---

[1]) Über die Dioptrie- und Konvergenzrechnung siehe: Gullstrand: „Über die Bedeutung der Dioptrie", veröffentlicht in Albrecht v. Graefes Archiv für Ophthalmologie in Bd. XLIX, S. 46 ff., und Gleichen: „Über die Bedeutung der Dioptrie- und Konvergenzrechnung", veröffentlicht in „Der Mechaniker", Zeitschrift zur Förderung der Präzisionsmechanik und Optik, Nr. 14/20.

62 Kap. IV. Von der Brechung an einer Kugelfläche.

nungen $PS = a$, $P'S = a'$. Es sei $PM = s$, $P'M = s'$. Dann ist
$$a = s - r$$
$$a' = s' + r.$$

Setzt man diese Werte in Gl. (53) ein, so folgt nach einigen Umformungen:
$$\frac{n}{s'} + \frac{n'}{s} = \frac{n' - n}{r}, \qquad (60)$$

wo sich die Größen s und s' jetzt auf den Krümmungsmittelpunkt M beziehen.

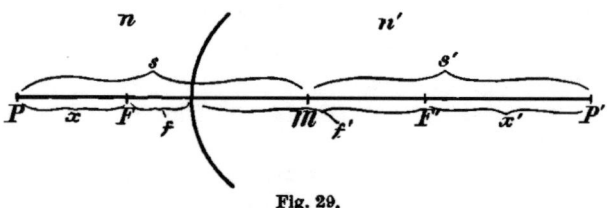

Fig. 29.

Aus Gl. (60) folgt sofort:
$$n^2 \cdot \frac{n'}{s'} + n'^2 \cdot \frac{n}{s} = n \cdot n' \cdot \frac{n' - n}{r}.$$

Führt man die reziproken Werte der reduzierten Längen ein, setzt also:
$$S = \frac{n}{s}, \qquad S' = \frac{n'}{s'},$$

so erhält man, wenn mit D wieder die Brechkraft der Fläche bezeichnet wird:
$$n^2 \cdot S' + n'^2 \cdot S = n \cdot n' \cdot D$$
oder
$$\frac{n}{n'} \cdot S' + \frac{n'}{n} S = D.$$

§ 5. Abbildungsgleichung, bezogen auf die Brennpunkte.

Setzt man:

$$\frac{n}{n'} = v_{12}, \qquad \frac{n'}{n} = \frac{1}{v_{12}} = v_{21}, \qquad (61)$$

so erhält man schließlich:

$$v_{21} \cdot S + v_{12} S' = D \qquad (62)$$

§ 5. Abbildungsgleichung, bezogen auf die Brennpunkte.

Eine wichtige Beziehung zwischen den beiden Brennweiten f und f' erhält man, wenn man $PF = x$, $P'F' = x'$ setzt — Fig. 29. Dann ist

$$a = x + f,$$
$$a' = x' + f'.$$

Setzt man diese Werte in Gl. (57) ein, so folgt nach einigen Umformungen:

$$x \cdot x' = f \cdot f', \qquad (63)$$

wo sich die Größen x und x' also auf die beiden Brennpunkte beziehen.

Es sollen noch die Entfernungen der beiden Brennpunkte vom Krümmungsmittelpunkt der Fläche berechnet werden. Wir setzen $MF = p$, $MF' = p'$. Dann ist:

$$p = f + r = \frac{n \cdot r}{n' - n} + r = \frac{n' r}{n' - n} = f', \qquad (64)$$

$$p' = f' - r = \frac{n' \cdot r}{n' - n} - r = \frac{nr}{n' - n} = f, \qquad (65)$$

d. h.: **Trägt man vom Krümmungsmittelpunkt nach rechts die vordere, nach links die hintere Brennweite ab, so erhält man den hinteren, bzw. vorderen Brennpunkt.**

Führt man wieder den reziproken Wert der reduzierten Längen ein, setzt also:

64 Kap. IV. Von der Brechung an einer Kugelfläche.

$$X = \frac{n}{x}, \qquad X' = \frac{n'}{x'}, \qquad (65a)$$

so wird unter Berücksichtigung der Gl. (63):

$$\frac{n \cdot n'}{f \cdot f'} = X \cdot X',$$

d. h.

$$X \cdot X' = D^2, \qquad (66)$$

wo D die Brechkraft der Fläche ist.

Das Verhältnis der reduzierten Konvergenz X zur Brechkraft D nennt man die **relative Konvergenz** C, so daß man hat:

$$C = \frac{X}{D}, \qquad C' = \frac{X'}{D} \qquad (67)$$

Dann wird:

$$C \cdot C' = \frac{X \cdot X'}{D^2} = 1$$

oder

$$C = \frac{1}{C'},$$

d. h. infolge der Brechung verwandelt sich die relative Konvergenz in den reziproken Wert.

Aus den Gl. (65a) und (67) folgt:

$$x = \frac{n}{C \cdot D}, \qquad x' = \frac{n'}{C' D} \qquad (68)$$

§ 6. Konstruktion des gebrochenen Strahles.

Methode von Lippich: In Fig. 30 sei AB ein auf die Kugelfläche mit dem Krümmungsradius M fallender Strahl. Die Brechungsexponenten der beiden Medien seien n und n'. Man mache BC = n, ziehe durch C zu BM die Parallele CD und konstruiere um

§ 6. Konstruktion des gebrochenen Strahles.

B einen Kreis vom Radius n', der CD in E schneidet. BE ist der gebrochene Strahl.

Beweis: Der Einfallswinkel ist $ABN = i$, der Brechungswinkel $MBE = i'$. In dem Dreieck BCE ist $\measuredangle BCE = 180° - i$, $\measuredangle CEB = i'$. Demnach ist:

$$\frac{\sin i}{\sin i'} = \frac{BE}{BC} = \frac{n'}{n},$$

womit die Richtigkeit der Konstruktion erwiesen ist.

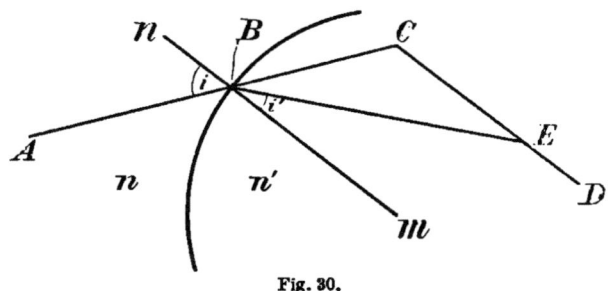

Fig. 30.

Methode von Weierstraß: In Fig. 31 sei die brechende Kugelfläche dargestellt durch den Kreis um M mit dem Radius r. AB sei der einfallende Strahl; die Brechungsexponenten der beiden Medien seien n und n'. Man konstruiere um M zwei weitere Kreise mit den Radien $\varrho_1 = \dfrac{n \cdot r}{n'}$, $\varrho_2 = \dfrac{n' \cdot r}{n}$. Die Verlängerung von AB schneidet die Peripherie des größeren in C. Die Gerade CM schneidet den Kreis vom Radius ϱ_1 in D. BD ist der gebrochene Strahl.

Beweis: Der Einfallswinkel ist $ABN = i$, der Brechungswinkel $MBD = i'$. Die Dreiecke BCM und BDM

66 Kap. IV. Von der Brechung an einer Kugelfläche.

sind ähnlich. Mithin ist $\angle$ BCM $= i'$, $\angle$ BDM $= i$.
Aus dem Dreieck BDM ergibt sich dann:
$$\frac{\sin i}{\sin i'} = \frac{BM}{DM} = \frac{r \cdot n'}{r \cdot n} = \frac{n'}{n},$$
d. h. die Gerade BD gehorcht dem Brechungsgesetz.

§ 7. Abbildung ausgedehnter Objekte.

Seitwärts von der optischen Achse SM — Fig. 32 — denken wir uns jetzt einen leuchtenden Punkt P. Die Gerade PM ist dann die sekundäre Achse. Auch auf dieser Achse liegen zwei Brennpunkte $\mathfrak{F}$ und $\mathfrak{F}'$, die

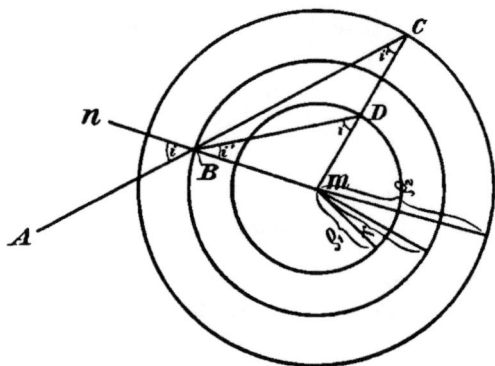

Fig. 31.

wir zum Unterschied von F und F' sekundäre Brennpunkte nennen. Da die Brennweite nur vom Radius der Kugelfläche und von den beiden Brechungsexponenten abhängig ist, folgt, daß $S_1 \mathfrak{F}' = SF'$ und $S_1 \mathfrak{F} = SF$ ist. Das Bild P' von P läßt sich seiner Lage nach aus einer der Gleichungen (53), (60), (63) berechnen. Ein zweiter Objektpunkt Q möge auf der

optischen Achse liegen, sein Bild sei Q'. Setzt man
PM = QM voraus, nimmt man also an, daß die beiden
Punkte P und Q auf einem Kreisbogen um M liegen,
so folgt sofort aus Gl. (60), daß auch die beiden Bildpunkte P' und Q' auf einem Kreisbogen um M liegen.
Jedem Punkt des Bogens PQ entspricht also ein Punkt
des Bogens P'Q'. Man kann also den Bogen PQ als

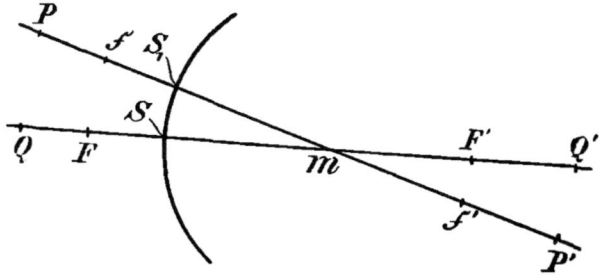

Fig. 32.

Objekt, den Bogen P'Q' als zugehöriges Bild auffassen.
Beschränkt man sich auf Paraxialstrahlen, so geht
der Bogen PQ in die zur optischen Achse senkrechte
Kreistangente in Q, der Bogen P'Q' in die achsensenkrechte Tangente in Q' über. Es ergibt sich also
folgendes Resultat: **Ein kleines achsensenkrechtes
Objekt wird mittels Brechung an einer Kugelfläche wieder als kleines achsensenkrechtes
Bild abgebildet.**

§ 8. Konstruktion des Bildes.

In Fig. 33 sei PQ = y ein kleines achsensenkrechtes
Objekt. Um das Bild von PQ zu konstruieren, ziehen
wir zunächst den achsenparallelen Strahl PA. Er geht
nach der Brechung durch den hinteren Fokus F'. Ein

68 Kap. IV. Von der Brechung an einer Kugelfläche.

zweiter von P ausgehender Strahl geht durch den Krümmungsmittelpunkt M. Er behält im Bildraum seine Richtung bei. Die beiden im Bildraum ver-

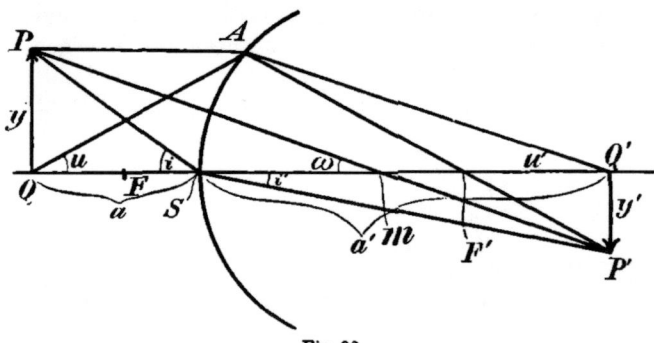

Fig. 33.

laufenden Strahlen schneiden sich in P', dem Bilde von P. Das von P' auf die optische Achse gefällte Lot $P'Q' = y'$ ist dann das Bild von PQ.

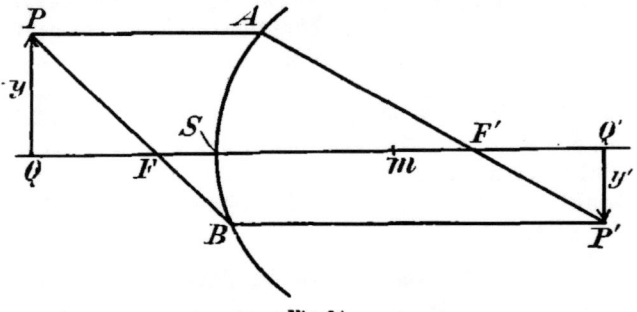

Fig. 34.

Der Wichtigkeit halber soll noch eine zweite Methode zur Bildkonstruktion angegeben werden. Um in Fig. 34 zu dem Objekt $PQ = y$ das Bild zu konstruieren, ziehe man wieder durch P den achsenparallelen Strahl PA. Er geht nach der Brechung durch den hinteren Brennpunkt F'. Ein zweiter Strahl geht von P aus durch den anderen Brennpunkt F und trifft die Kugelfläche in B. Er verläuft nach der Brechung achsenparallel. Die beiden gebrochenen Strahlen schneiden sich in P', dem Bild von P. Das von P' auf die optische Achse gefällte Lot P'Q' ist das Bild y' des Objektes y.

§ 9. Die Lateralvergrößerung.

Unter der **Lateralvergrößerung** β, auch kurz **Vergrößerung** genannt, verstehen wir wieder den **Quotienten aus Bild- und Objektgröße.** Es ist also:

$$\beta = \frac{y'}{y} \qquad (69)$$

Setzt man in Fig. 33:

$$\angle PMQ = P'MQ' = \omega,$$

so folgt:

$$\operatorname{tg}\omega = \frac{y}{s}, \quad \operatorname{tg}\omega = \frac{y'}{s'},$$

wenn $MQ = s$, $MQ' = s'$ ist. Mithin ist:

$$\frac{y'}{y} = \frac{s'}{s}$$

oder nach Gl. (69):

$$\beta = \frac{s'}{s} \qquad (70)$$

Es sollen für die Vergrößerung noch einige andere Beziehungen abgeleitet werden. Aus Gl. (60) folgt leicht:

$$\frac{s'}{s} = \frac{n \cdot r}{s(n'-n) - n'r} \,. \qquad (71)$$

Dividiert man rechts Zähler und Nenner durch $n'-n$ durch, so ergibt sich:

70 Kap. IV. Von der Brechung an einer Kugelfläche.

$$\frac{s'}{s} = \frac{\dfrac{n'r}{n'-n}}{s - \dfrac{n'r}{n'-n}} \qquad (72)$$

Nach den Gleichungen (54) und (55) ist

$$f' = \frac{n'r}{n'-n}, \quad f = \frac{nr}{n'-n},$$

so daß Gl. (72) übergeht in:

$$\beta = \frac{s'}{s} = \frac{f}{s-f'} \qquad (73)$$

Nach Gl. (73) kann man also die Vergrößerung β berechnen aus den beiden Brennweiten und der Entfernung des Objektes vom Krümmungsmittelpunkt.

Aus Gl. (60) ergibt sich nach einigen Umformungen:

$$\frac{s'}{s} = \frac{s'(n'-n) - nr}{n'r} \qquad (74)$$

Dividiert man rechts Zähler und Nenner wieder durch $n'-n$ und berücksichtigt die Gl. (54) und (55), so erhält man:

$$\beta = \frac{s'}{s} = \frac{s'-f}{f}, \qquad (75)$$

eine Gleichung, mittels der man die Vergrößerung β aus den beiden Brennweiten und der Entfernung des Bildes vom Krümmungsmittelpunkt berechnen kann.

Setzt man in Gl. (71) für s den Wert $a + r$, so folgt:

$$\frac{s'}{s} = \frac{nr}{(a+r)(n'-n) - n'r} = \frac{nr}{a(n'-n) - nr},$$

wofür man auch schreiben kann:

$$\beta = \frac{s'}{s} = \frac{f}{a-f} \qquad (76)$$

§ 9. Die Lateralvergrößerung.

Auf analoge Weise erhält man aus Gl. (74)

$$\beta = \frac{s'}{s} = \frac{a' - f'}{f'} \qquad (77)$$

Aus den Gl. (76) und (77) kann man die Vergrößerung β berechnen aus den beiden Brennweiten und der Objekt- bzw. Bildweite.

Es soll noch ein anderer Ausdruck für die Vergrößerung abgeleitet werden. Verbindet man in Fig. 33 P mit S, so muß der zugehörige gebrochene Strahl durch P' gehen. Wir setzen

$$\sphericalangle PSQ = i, \quad \sphericalangle P'SQ' = i'.$$

Dann ist nach dem Brechungsgesetz:

$$n \cdot \sin i = n' \cdot \sin i'.$$

Beschränken wir uns auf das paraxiale Gebiet, so ist:

$$n i = n' \cdot i' \qquad (78)$$

Aus Fig. 33 folgt:

$$\operatorname{tg} i = i = \frac{y}{a}, \quad \operatorname{tg} i' = i' = \frac{y'}{a'},$$

folglich:

$$n i = \frac{n y}{a}, \quad n' i' = \frac{n' y'}{a'}.$$

Berücksichtigt man Gl. (78), so folgt aus den beiden letzten Gleichungen:

$$\frac{n y}{a} = \frac{n' y'}{a'}$$

oder

$$\beta = \frac{y'}{y} = \frac{n \cdot a'}{n' \cdot a}. \qquad (79)$$

Mit Hilfe der Gl. (79) läßt sich die Vergrößerung aus den beiden Brechungsexponenten und aus der Objekt- und Bildweite berechnen.

Kap. IV. Von der Brechung an einer Kugelfläche.

Gl. (79) kann man auch in der Form schreiben:

$$\beta = \frac{\dfrac{n}{a}}{\dfrac{n'}{a'}}$$

Berücksichtigt man Gl. (58), so folgt hieraus:

$$\beta = \frac{A}{A'}, \qquad (80)$$

d. h. **die Lateralvergrößerung ist gleich dem Quotienten aus den reduzierten Schnittweiten.**

Führen wir wieder die Entfernungen des Objekt- bzw. Bildpunktes vom objektseitigen bzw. bildseitigen Brennpunkt ein, setzen also in Fig. 33:

$$QF = x, \quad Q'F' = x',$$

so ist

$$a = x + f, \quad a' = x' + f'.$$

Setzt man diese Werte für a und a' in Gl. (79) ein, so ergibt sich:

$$\beta = \frac{n(x' + f')}{n'(x + f)},$$

oder, wenn man mit f erweitert und die Beziehung $x \cdot x' = f \cdot f'$ beachtet:

$$\beta = \frac{n(x' \cdot f + f \cdot f')}{n' f(x + f)} = \frac{n(x' f + x \cdot x')}{n' f(x + f)} = \frac{n \cdot x'}{n' \cdot f}.$$

Berücksichtigt man noch die Beziehung

$$\frac{n}{n'} = \frac{f}{f'},$$

so wird die letzte Gleichung:

$$\beta = \frac{x'}{f'}. \qquad (81)$$

§ 10. Der Helmholtz-Lagrangesche Satz.

Für $\dfrac{x'}{f'}$ kann man setzen $\dfrac{f}{x}$, also wird Gl. (81):

$$\beta = \frac{f}{x} \tag{82}$$

Gl. (81) kann man auch in der Form schreiben:

$$\beta = \frac{\dfrac{n'}{f'}}{\dfrac{n'}{x'}}$$

oder zufolge Gl. (59) und (65a)

$$\beta = \frac{D}{X'} \tag{83}$$

oder endlich nach Gl. (67)

$$\beta = \frac{1}{C'} \tag{84}$$

Auf analoge Weise erhält man aus Gl. (82):

$$\beta = \frac{X}{D} = C \tag{85}$$

§ 10. Der Helmholtz-Lagrangesche Satz.

In Fig. 33 verbinden wir A mit Q und Q' und setzen $\measuredangle$ AQS = u, $\measuredangle$ AQ'S = u'. Da Paraxialstrahlen vorausgesetzt werden sollen, so kann man den Bogen AS als Gerade auffassen. Es folgt dann aus der Figur:

$$\operatorname{tg} u = u = \frac{AS}{a}, \quad \operatorname{tg} u' = u' = \frac{AS}{a'}$$

oder

$$\frac{a'}{a} = \frac{u}{u'} \tag{86}$$

Aus Gl. (79) folgt:
$$\frac{a'}{a} = \frac{n' y'}{n y} \qquad (87)$$
Die Gl. (86) und (87) ergeben:
$$n \cdot y \cdot u = n' \cdot y' u' \qquad (88)$$
Die Größen links beziehen sich sämtlich auf den Objektraum. Die Größen rechts auf den Bildraum. Gl. (88) besagt: **Das Produkt aus Brechungsexponent, Objektgröße und Winkelneigung vor der Brechung ist gleich dem Produkt der analogen Größen nach der Brechung.** Dies ist der **Helmholtz-Lagrangesche Satz.**

§ 11. Hauptpunkte und Hauptebenen.

Aus den eben abgeleiteten Gleichungen sollen noch einige Folgerungen gezogen werden. Mittels der Gl. (53) kann man zu jeder Objektweite a die zugehörige Bildweite a' berechnen. Gl. (79) liefert dann die Vergrößerung, die in den beiden konjugierten Ebenen herrscht. Besonders wichtig ist der Fall, daß die Vergrößerung gleich der positiven oder negativen Einheit ist, daß also ist:
$$\beta = \pm 1.$$
Hierin deutet das positive Vorzeichen auf ein umgekehrtes, das negative Vorzeichen auf ein aufrechtes Bild. Gauß nennt die beiden Punkte der optischen Achse, in denen das Objekt und das konjugierte gleichgroße und gleichgerichtete Bild liegen, die beiden **Hauptpunkte.** Die in den beiden Hauptpunkten errichteten achsensenkrechten Ebenen heißen **Hauptebenen.** Sie sind konjugierte Ebenen. Bei einer einzigen brechenden Fläche, wie wir sie bisher be-

trachtet haben, bestimmen sich die Hauptpunkte aus den beiden Gleichungen:

$$\frac{n}{a} + \frac{n'}{a'} = \frac{n'-n}{r} \tag{89}$$

$$\beta = \frac{n \cdot a'}{n' \cdot a} = -1 \tag{90}$$

Erweitert man Gl. (90) mit a, so erhält man

$$n + \frac{n' \cdot a}{a'} = \frac{a(n'-n)}{r} \tag{91}$$

Aus Gl. (90) folgt:

$$\frac{n' \cdot a}{a'} = -n.$$

Setzt man diesen Wert in Gl. (91) ein, so folgt:

$$\frac{a(n'-n)}{r} = 0,$$

d. h. $a = 0$.

Gl. (90) kann man auch in der Form schreiben:

$$n a' = -n' a.$$

Für $a = 0$ wird dann also auch $a' = 0$, d. h. **bei einer brechenden Fläche fallen die beiden Gaußschen Hauptpunkte mit dem Scheitel der Fläche zusammen.**

§ 12. Das Konvergenzverhältnis.

Bildet ein Lichtstrahl im Objektraum mit der optischen Achse den Winkel u, der konjugierte Strahl im Bildraum den Winkel u', so nennt man den Quotienten

$$\gamma = \frac{\operatorname{tg} u'}{\operatorname{tg} u}$$

Kap. IV. Von der Brechung an einer Kugelfläche.

das **Konvergenzverhältnis**. Für Paraxialstrahlen kann man auch setzen:

$$\gamma = \frac{\operatorname{tg} u'}{\operatorname{tg} u} = \frac{u'}{u} \qquad (92)$$

Nach dem Helmholtz-Lagrangeschen Satz ist:
$$n y u = n' y' u'.$$

Folglich ergibt sich:

$$\gamma = \frac{u'}{u} = \frac{n y}{n' y'} = \frac{n}{n'} \cdot \frac{1}{\beta} \qquad (93)$$

oder, wenn man die Gl. (61) und (80) berücksichtigt:

$$\gamma = v_{12} \cdot \frac{A'}{A} \qquad (94)$$

Gl. (93) kann man in der Form schreiben:

$$\beta \cdot \gamma = \frac{n}{n'},$$

d. h. **für zwei konjugierte Punkte ist das Produkt aus Lateralvergrößerung und Konvergenzverhältnis konstant, und zwar gleich dem Quotienten aus den beiden Brechungsexponenten vor und nach der Brechung.**

Es soll für das Konvergenzverhältnis noch ein anderer Ausdruck entwickelt werden. Aus den Gl. (81) und (93) folgt:

$$\gamma = \frac{n}{n'} \cdot \frac{f'}{x'}$$

oder zufolge der Beziehung $\dfrac{n}{n'} = \dfrac{f}{f'}$:

$$\gamma = \frac{f}{x'} \qquad (95)$$

Auf analoge Weise ergibt sich aus den Gl. (82) und (93):

$$\gamma = \frac{x}{f'} \qquad (96)$$

Gl. (95) kann man in der Form schreiben:

$$\gamma = \frac{n}{n'} \cdot \frac{\frac{n'}{x'}}{\frac{n}{f}}$$

oder:

$$\gamma = v_{12} \cdot \frac{X'}{D} = v_{12} \cdot C' \qquad (97)$$

Ebenso ergibt sich aus Gl. (96):

$$\gamma = v_{12} \cdot \frac{D}{X} = v_{12} \cdot \frac{1}{C} \qquad (98)$$

§ 13. Die Knotenpunkte.

Ähnlich wie bei der Lateralvergrößerung untersuchen wir den Fall genauer, daß das Konvergenzverhältnis $\gamma = -1$ wird. Dann ist also:

$$\frac{u'}{u} = -1$$

oder

$$u' = -u,$$

d. h. die beiden konjugierten Strahlen verlaufen parallel. Diejenigen Punkte, in denen die so charakterisierten Strahlen die optische Achse schneiden, heißen Knotenpunkte. Sie sind konjugierte Punkte.

Aus den Gl. (95) und (96) folgt für die beiden Knotenpunkte

$$\left. \begin{array}{l} x' = -f \\ x = -f' \end{array} \right\} \qquad (99)$$

78 Kap. IV. Von der Brechung an einer Kugelfläche.

Man erhält also den vorderen bzw. hinteren Knotenpunkt, wenn man vom vorderen Brennpunkt nach rechts die hintere Brennweite, bzw. vom hinteren Brennpunkt nach links die vordere Brennweite abträgt. Bei einer brechenden Fläche liegt, wie oben gezeigt ist, der hintere Brennpunkt um die vordere Brennweite nach rechts, der vordere Brennpunkt um die hintere Brennweite nach links vom Krümmungsmittelpunkt entfernt. **Demnach fallen bei einer brechenden Fläche die beiden Knotenpunkte mit dem Krümmungsmittelpunkt zusammen**, eine Tatsache, die auch aus dem Umstande folgt, daß ein durch den Krümmungsmittelpunkt gehender Strahl ungebrochen weitergeht.

Übungen zu Kapitel IV.

1. Gegeben eine Kugelfläche vom Radius $r = 5$ cm, die die beiden Medien Luft und Glas vom Brechungsexponenten 1 bzw. 1,5 voneinander trennt. 50 cm vor der Fläche befinde sich ein leuchtender Punkt. Welches ist die Brechkraft der Fläche? Welches sind ihre Brennweiten? Wo liegt der Bildpunkt?

Die Brechkraft D ist:

$$D = \frac{1{,}5 - 1}{0{,}05} = 10 \text{ Dioptr.}$$

Für die beiden Brennweiten ergibt sich:

$$f = \frac{1}{10} \cdot m = 10 \text{ cm,}$$

$$f' = \frac{1{,}5}{10} \cdot m = 15 \text{ cm.}$$

Der vordere Brennpunkt F liegt also 10 cm vor dem Scheitel der Fläche, der hintere Brennpunkt F' 15 cm hinter dem Scheitel der Fläche.

Da der Objektpunkt 40 cm vor dem vorderen Brennpunkte liegt, so ist zufolge Gl. (65a):

$$X = 2{,}5.$$

Übungen zu Kapitel IV.

Also ist
$$X' = \frac{D^2}{X} = \frac{100}{2,5} = 40.$$

Für die Entfernung x' des Bildpunktes vom hinteren Brennpunkte ergibt sich also:
$$x' = \frac{1,5}{40} = 0,0375 \text{ m} = 3,8 \text{ cm}.$$

2. In der vorigen Aufgabe befinde sich 40 cm vor der Fläche ein achsensenkrechtes Objekt von 3,5 cm Größe. Wo liegt das Bild und wie groß ist es?
Es ist:
$$D = 10 \text{ Dioptr.}, \quad X = 3,33.$$
Dann folgt:
$$X' = \frac{D^2}{X} = \frac{100}{3,33} = 30,03.$$

Für die Entfernung des Bildes vom hinteren Brennpunkt ergibt sich also:
$$x' = \frac{n'}{X'} = \frac{1,5}{30,03} = 0,05 \text{ m} = 5 \text{ cm}.$$

Das Bild liegt also 20 cm hinter der Fläche.
Es war:
$$\beta = \frac{y'}{y} = \frac{X}{D},$$
also erhält man für die Bildgröße:
$$y' = \frac{y \cdot X}{D} = \frac{0,035 \cdot 3.33}{10} = 0,012 \text{ m} = 1,2 \text{ cm}.$$

3. In der vorigen Aufgabe sei die Entfernung des Objektes von der Fläche nur 7 cm. Wo liegt jetzt das Bild und von welcher Größe ist es?
Wir müssen jetzt setzen:
$$x = -3 \text{ cm}.$$
Also ist:
$$X = -33,33.$$
Demnach folgt:
$$X' = \frac{D^2}{X} = -\frac{100}{33,33} = -3.$$

80 Kap. IV. Von der Brechung an einer Kugelfläche.

Die Entfernung des Bildes vom hinteren Brennpunkte wird:
$$x' = \frac{n'}{X'} = -\frac{1,5}{3} = -0,5 \text{ m} = -50 \text{ cm}$$
d. h. das Bild liegt 35 cm vor der Fläche.

Für die Bildgröße ergibt sich jetzt:
$$y' = -\frac{0,035 \cdot 33,33}{10} = -0,12 \text{ m} = 12 \text{ cm}.$$

Das Bild ist also jetzt aufrecht.

Während also ein außerhalb der vorderen Brennweite gelegenes Objekt ein umgekehrtes Bild hinter der brechenden Fläche liefert, erzeugt ein innerhalb der vorderen Brennweite befindliches Objekt ein aufrechtes Bild von der Fläche. Das umgekehrte Bild ist reell, das aufrechte virtuell, wovon man sich leicht durch die Konstruktion des Bildes überzeugen kann. Liegt das Objekt im vorderen Brennpunkte, so liegt das konjugierte Bild im Unendlichen und ist unendlich groß.

4. Gegeben eine Kugelfläche vom Radius $r = 7,5$ cm. Sie trenne zwei Medien mit den Brechungsexponenten $n = 1$, $n' = 2,4$. $a = 10$ cm vor der Fläche befinde sich ein leuchtender Punkt P. Wo schneidet 1. ein vom Objektpunkt ausgehender Paraxialstrahl, 2. ein solcher Strahl, der mit der optischen Achse einen Winkel $\omega = 20°$ bildet. nach der Brechung die optische Achse?

Die Brechkraft der Fläche ist
$$D = \frac{2,4 - 1}{0,075} = 18,66 \text{ Dioptr.}$$

Aus der Gleichung
$$A + A' = D$$
folgt:
$$A' = D - A = 18,66 - 10 = 8,66.$$

Also erhält man für die durch Paraxialstrahlen erzeugte Bildweite a':
$$a' = \frac{2,4}{8,66} = 0,277 \text{ m} = 27,7 \text{ cm}$$

Übungen zu Kapitel IV.

Um die Schnittweite des andern Strahles zu berechnen, legen wir Fig. 35 zugrunde. R sei der durch den „endlichen" Strahl, P′ der durch Paraxialstrahlen erzeugte Bildpunkt. MQN ist das Einfallslot. Es sei:

$$\sphericalangle PQN = i, \quad \sphericalangle MQR = i', \quad \sphericalangle SMQ = \varphi,$$
$$\sphericalangle MRQ = \omega'.$$

Außerdem sei:
$$SR = A.$$

In dem Dreieck PQM ist:
$$\frac{\sin PQM}{\sin QPM} = \frac{a+r}{r},$$

d. h.
$$\sin i = \frac{a+r}{r} \cdot \sin \omega.$$

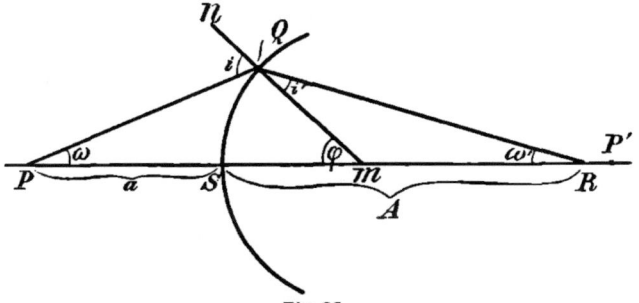

Fig. 35.

Setzt man die Zahlenwerte ein, so ergibt sich:
$$\sin i = \frac{17{,}5}{7{,}5} \cdot \sin 20^\circ.$$

Man erhält:
$$i = 52^\circ\, 56'\, 40''.$$

Nach dem Brechungsgesetz ist:
$$n \cdot \sin i = n' \sin i'$$

oder
$$\sin i' = \frac{n}{n'} \cdot \sin i,$$

d. h.
$$\sin i' = \frac{\sin 52^\circ\, 56'\, 40''}{2{,}4}.$$

Hinrichs, Einführung in die geometrische Optik.

Man erhält:
$$i' = 19° 25' 2''.$$

Aus der Figur folgt einerseits:
$$\varphi = i - \omega,$$
andrerseits:
$$\varphi = i' + \omega'.$$
Demnach ist:
$$\omega' = i - i' - \omega$$
oder
$$\omega' = 52° 56' 40'' - 19° 25' 2'' - 20°$$
$$\omega' = 13° 31' 38''.$$

In dem Dreieck MQR ist:
$$\frac{MR}{MQ} = \frac{\sin i'}{\sin \omega'},$$
daraus folgt für die Bildweite A des endlichen Strahls:
$$A = r \cdot \frac{\sin i'}{\sin \omega'} + r$$
oder
$$A = 7{,}5 \cdot \frac{\sin 19° 25' 2''}{\sin 13° 31' 38''} + 7{,}5,$$
$$A = 18{,}16 \text{ cm}.$$

Die Differenz $a' - A$ der beiden Schnittweiten nennt man wie beim Hohlspiegel „sphärische Aberration".

Kapitel V.
Brechung durch ein zentriertes System von Kugelflächen.

§ 1. Gleichungssystem für mehrere brechende Flächen.

Wir wollen unsere Betrachtungen ausdehnen auf ein System brechender Kugelflächen, d. h. auf mehrere Kugelflächen, deren Krümmungsmittelpunkte alle auf einer Geraden, der optischen Achse liegen. Der Einfachheit halber beschränken wir uns auf drei

§ 1. Gleichungssystem für mehrere brechende Flächen. 83

Flächen, doch lassen sich alle folgenden Betrachtungen ohne weiteres auf beliebig viele Flächen ausdehnen. In Fig. 36 seien die drei brechenden Flächen dargestellt. Ihre Scheitelpunkte seien S_1, S_2, S_3, ihre Radien r_1, r_2, r_3, ihre Entfernungen voneinander d_1, d_2. Die Brechungsexponenten der einzelnen Medien seien der Reihe nach n_1, n_2, n_3, n_4. Will man die Bezeichnungsweise exakt durchführen, so muß man setzen:

$$n_1' = n_2, \qquad n_2' = n_3, \qquad n_3' = n_4 \qquad (100)$$

Ein kleines achsensenkrechtes Objekt y_1 wird mittels der ersten Fläche als achsensenkrechtes Bild

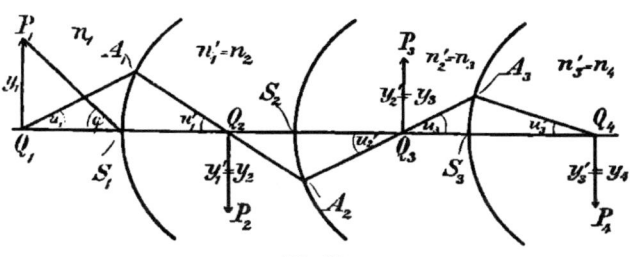

Fig. 36.

y_1' abgebildet. Dieses Bild y_1' ist wieder Objekt für die zweite brechende Fläche, muß also konsequenterweise mit y_2 bezeichnet werden. Von ihm entsteht mittels der zweiten Fläche das Bild y_2'. Dieses Bild y_2' ist seinerseits wieder Objekt für die dritte Fläche, muß also mit y_3 bezeichnet werden. Von y_3 entwirft die dritte Fläche das Bild y_3'. Man hat also

$$y_1' = y_2, \qquad y_2' = y_3 \qquad (101)$$

Dehnen wir auch die Bezeichnungen für Objekt- und Bildweite des vorigen Paragraphen sinngemäß auf drei Flächen aus, so muß man setzen:

84 Kap. V. Brechung durch ein zentriertes System usw

$$Q_1 S_1 = a_1 \qquad S_1 Q_2 = a_1'$$
$$Q_2 S_2 = a_2 \qquad S_2 Q_3 = a_2'$$
$$Q_3 S_3 = a_3 \qquad S_3 Q_4 = a_3'.$$

Da die Entfernungen $S_1 S_2 = d_1$, $S_2 S_3 = d_2$ gesetzt sind, so ist außerdem

$$\left.\begin{aligned} a_1' + a_2 &= d_1 \\ a_2' + a_3 &= d_2 \end{aligned}\right\} \quad (102)$$

Für einen Strahl, der nacheinander durch sämtliche drei Flächen hindurchgeht, erhält man unter sukzessiver Anwendung der Gl. (53), wenn man Gl. (102) berücksichtigt:

$$\left.\begin{aligned} \frac{n_1}{a_1} + \frac{n_1'}{a_1'} &= \frac{n_1' - n_1}{r_1} \\ a_1' + a_2 &= d_1, \\ \frac{n_2}{a_2} + \frac{n_2'}{a_2'} &= \frac{n_2' - n_2}{r_2} \\ a_2' + a_3 &= d_2, \\ \frac{n_3}{a_3} + \frac{n_3'}{a_3'} &= \frac{n_3' - n_3}{r_3} \end{aligned}\right\} \quad (103)$$

Sind also die Konstanten eines Systems, d. h. die Radien, Brechungsexponenten und Entfernungen der Flächen voneinander gegeben, so kann man zu einer bestimmten Entfernung a_1 eines Objektpunktes von der ersten brechenden Fläche die Größe a_3', d. h. die Entfernung des konjugierten Bildpunktes von der letzten brechenden Fläche mittels des Gleichungssystems (103) berechnen.

Um die Lage der beiden Brennpunkte des Systems zu berechnen, verfahren wir ähnlich wie bei einer brechenden Fläche. Wir setzen in dem Gleichungssystem (103) erstens $a_1 = \infty$. Der zugehörige Wert von a_3', der sich aus Gl. (103) eindeutig ergibt, liefert

§ 2. Anwendung der Dioptrie- und Konvergenzrechnung usw.

die Entfernung des hinteren Brennpunktes F' von dem Scheitel der letzten brechenden Fläche. Zweitens setzen wir in Gl. (103) $a_3' = \infty$. Der zugehörige Wert von a_1 liefert dann die Entfernung des vorderen Brennpunktes F vom Scheitel der ersten brechenden Fläche.

§ 2. Anwendung der Dioptrie- und Konvergenzrechnung auf ein System brechender Flächen.

Bedeutend einfacher werden die (103) für die Brechung eines Strahles durch ein System von Flächen, wenn man sich der Dioptrie- und Konvergenzrechnung bedient.

Nach der früheren Bezeichnungsweise ist:

$$\frac{n_1}{a_1} = A_1, \quad \frac{n_1'}{a_1'} = A_1', \quad \frac{n_2}{a_2} = A_2 \text{ usw.},$$

$$\frac{n_1' - n_1}{r_1} = D_1, \quad \frac{n_2' - n_2}{r_2} = D_2 \text{ usw.}$$

Setzt man außerdem die reduzierten Flächenabstände:

$$\frac{d_1}{n_1'} = \frac{d_1}{n_2} = \delta_1; \quad \frac{d_2}{n_2'} = \frac{d_2}{n_3} = \delta_2 \text{ usw.},$$

so geht das Gleichungssystem (103) über in:

$$\left.\begin{array}{r}A_1 + A_1' = D_1 \\ \dfrac{1}{A_1'} + \dfrac{1}{A_2} = \delta_1 \\ A_2 + A_2' = D_2 \\ \dfrac{1}{A_2'} + \dfrac{1}{A_3} = \delta_2 \\ A_3 + A_3' = D_3\end{array}\right\}, \quad (104)$$

wofür man auch schreiben kann:

86 Kap. V. Brechung durch ein zentriertes System usw.

$$\left.\begin{array}{l}A_1 + \dfrac{A_2}{\delta_1 A_2 - 1} = D_1 \\[4pt] A_2 + \dfrac{A_3}{\delta_2 A_3 - 1} = D_2 \\[4pt] A_3 + A_3{}' = D_3\end{array}\right\} \qquad (105)$$

Mit Hilfe des Gleichungssystems (105) kann man zu einer gegebenen Objektweite die konjugierte Bildweite berechnen. Zur Berechnung des Ortes des hinteren bzw. vorderen Systembrennpunktes muß man A_1 bzw. $A_3{}'$ gleich Null setzen.

Es sollen jetzt die Gleichungen aus Kap. IV, § 5 auf die Brechung durch ein System von Flächen ausgedehnt werden.

Wir beschränken uns wieder auf 3 brechende Flächen und 4 Medien — Fig. 37. Ein Objektpunkt

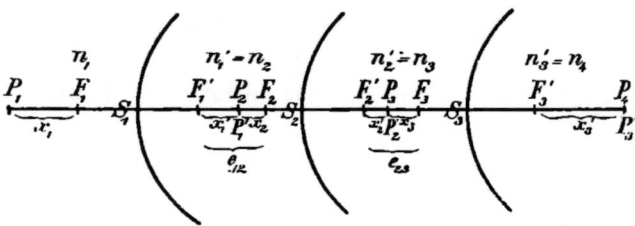

Fig. 37.

P_1 wird nacheinander in den Punkten $P_1{}' = P_2$, $P_2{}' = P_3$, $P_3{}' = P_4$ abgebildet. Die vorderen bzw. hinteren Brennpunkte der Flächen seien F_1, $F_1{}'$, F_2, $F_2{}'$ usw., die zugehörigen Brennweiten f_1, $f_1{}'$, f_2, $f_2{}'$ usw. Ferner setze man

$$F_1{}'F_2 = e_{12}, \quad F_2{}'F_3 = c_{23}.$$

Wendet man Gl. (63) nacheinander auf die einzelnen Flächen an, so ergibt sich:

§ 2. Anwendung der Dioptrie- und Konvergenzrechnung usw. 87

$$\left.\begin{aligned} x_1 \cdot x_1' &= f_1\, f_1' \\ x_1' + x_2 &= e_{12} \\ x_2\, x_2' &= f_2\, f_2' \\ x_2' + x_3 &= e_{23} \\ x_3\, x_3' &= f_3\, f_3' \end{aligned}\right\} \qquad (106)$$

Die brechenden Kräfte der 3 Flächen seien D_1, D_2, D_3. Ferner seien die reduzierten Entfernungen:

$$\frac{e_{12}}{n_1'} = \frac{e_{12}}{n_2} = \varepsilon_{12}, \quad \frac{e_{23}}{n_2'} = \frac{e_{23}}{n_3} = \varepsilon_{23}.$$

Führt man gemäß der Gl. (67) die relativen Konvergenzen ein, so folgt aus Gl. (106), wenn man noch Gl. (68) berücksichtigt:

$$\left.\begin{aligned} C_1 \cdot C_1' &= 1 \\ \frac{1}{C_1' D_1} + \frac{1}{C_2 D_2} &= \varepsilon_{12} \\ C_2 \cdot C_2' &= 1 \\ \frac{1}{C_2' D_2} + \frac{1}{C_3 D_3} &= \varepsilon_{23} \\ C_3\, C_3' &= 1 \end{aligned}\right\} \qquad (107)$$

Für Gl. (107) kann man auch schreiben:

$$\left.\begin{aligned} \frac{C_1}{D_1} + \frac{1}{C_2 D_2} &= \varepsilon_{12} \\ \frac{C_2}{D_2} + \frac{1}{C_3 D_3} &= \varepsilon_{23} \\ C_3' &= \frac{1}{C_3} \end{aligned}\right\} \qquad (108)$$

Die Gl. (108) lassen sich natürlich auf beliebig viele brechende Flächen ausdehnen. Da im allgemeinen von dem brechenden System nicht die reduzierten Entfernungen ε_{12}, ε_{23} sondern die Entfernungen

d_{12}, d_{23} von je zwei aufeinanderfolgenden Flächenscheiteln gegeben sein werden, muß noch eine Beziehung zwischen beiden Größen gefunden werden: Aus der Fig. 40 ergibt sich:
$$d_{12} = e_{12} + f_1' + f_2$$
oder
$$\frac{d_{12}}{n_1'} = \frac{e_{12}}{n_1'} + \frac{f_1'}{n_1'} + \frac{f_2}{n_1'}.$$
Setzt man
$$\frac{d_{12}}{n_1'} = \frac{d_{12}}{n_2} = \delta_{12},$$
so wird:
$$\varepsilon_{12} = \delta_{12} - \frac{1}{D_1} - \frac{1}{D_2}.$$
Ebenso ergibt sich:
$$\varepsilon_{23} = \delta_{23} - \frac{1}{D_2} - \frac{1}{D_3} \text{ usw.} \quad (109$$

Mit Hilfe des Gleichungssystems (108) kann man zu der relativen Konvergenz C_1 eines Objektes die zugehörige Konvergenz des Bildes und damit die Lage des Bildes berechnen. Insbesondere kann das Gleichungssystem dazu dienen, die Lage der beiden Systembrennpunkte zu bestimmen. Setzt man $x_1 = \infty$, d. h. $C_1 = 0$, so liefert das Gleichungssystem die Entfernung des hinteren Systembrennpunktes vom hinteren Brennpunkt der letzten brechenden Fläche. Auf analoge Weise ergibt sich durch Umkehrung des Strahlenganges die Entfernung des vorderen Systembrennpunktes vom vorderen Brennpunkt der ersten brechenden Fläche.

§ 3. Die Lateralvergrößerung für ein Flächensystem.

Wie bei einer brechenden Fläche, so definieren wir auch hier die Lateralvergrößerung β als Quotienten

§ 4. Hauptpunkte und Hauptebenen eines Flächensystems.

aus der Bild- und Objektgröße, wobei als Bild natürlich y_3' anzunehmen ist. Man hat also:

$$\beta = \frac{y_3'}{y_1} \qquad (110)$$

Wendet man die Gl. (79) sukzessive an, so erhält man:

$$\frac{y_1'}{y_1} = \frac{n_1 a_1'}{n_1' a_1}, \quad \frac{y_2'}{y_2} = \frac{n_2 a_2'}{n_2' a_2}, \quad \frac{y_3'}{y_3} = \frac{n_3 a_3'}{n_3' a_3}.$$

Durch Multiplikation erhält man hieraus unter Berücksichtigung der Gl. (100) und (101):

$$\frac{y_1'}{y_1} \cdot \frac{y_2'}{y_2} \cdot \frac{y_3'}{y_3} = \frac{y_3'}{y_1} = \frac{n_1 n_2 n_3}{n_1' n_2' n_3'} \cdot \frac{a_1' a_2' a_3'}{a_1 a_2 a_3}$$

$$= \frac{n_1}{n_3'} \cdot \frac{a_1' a_2' a_3'}{a_1 a_2 a_3}$$

oder:

$$\beta = \frac{n_1}{n_3'} \cdot \frac{a_1' a_2' a_3'}{a_1 a_2 a_3} \qquad (111)$$

Gl. (111) kann man auch in der Form schreiben:

$$\beta = \frac{\dfrac{n_1}{a_1} \cdot \dfrac{n_2}{a_2} \cdot \dfrac{n_3}{a_3}}{\dfrac{n_1'}{a_1'} \cdot \dfrac{n_2'}{a_2'} \cdot \dfrac{n_3'}{a_3'}},$$

d. h.

$$\beta = \frac{A_1 \cdot A_2 \cdot A_3}{A_1' \cdot A_2' \cdot A_3'} \qquad (112)$$

§ 4. Hauptpunkte und Hauptebenen eines Flächensystems.

Um die Hauptpunkte eines Systems brechender Flächen zu ermitteln, muß man setzen:

$$\beta = -1,$$

so daß man erhält — siehe Gl. (111) —:

Kap. V. Brechung durch ein zentriertes System usw.

oder
$$\frac{n_1}{n_3'} \cdot \frac{a_1' a_2' a_3'}{a_1 a_2 a_3} = -1$$

$$\frac{a_1' a_2' a_3}{a_1 a_2 a_3} = -\frac{n_3'}{n_1} \qquad (113)$$

Aus Gl. (112) folgt für die Ermittlung der Hauptpunkte die Gleichung:

$$A_1 A_2 A_3 + A_1' A_2' A_2' = 0. \qquad (114)$$

Aus den Gl. (105) und (114) lassen sich die sechs Unbekannten a_1, a_1', a_2, a_2', a_3, a_3' berechnen und so die Hauptpunkte ihrer Lage nach bestimmen. Sind die Hauptebenen eines Systems — d. h. die in den

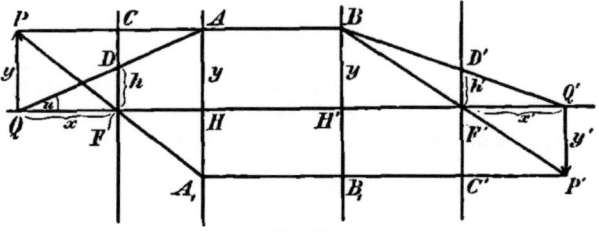

Fig. 38.

Hauptpunkten zur optischen Achse senkrechten Ebenen — bestimmt, so kann man zu einem gegebenen Objekt leicht das Bild auf folgende Weise konstruieren.

In Fig. 38 seien H und H′ die beiden Hauptpunkte eines Systems (das System ist der besseren Übersicht wegen nicht dargestellt). Die in H und H′ errichteten achsensenkrechten Ebenen sind dann die beiden Hauptebenen. Um das Bild des kleinen Objektes PQ = y zu konstruieren, ziehen wir durch P den achsenparallelen Strahl, der die vordere Hauptebene in A schneidet. Da die beiden Hauptebenen konjugierte Ebenen sind, so entspricht einem Objekt in der vorderen Hauptebene ein Bild in der hinteren; da ferner die in den Hauptebenen herrschende Vergrößerung $\beta = -1$ ist, so wird ein Objekt in der vorderen Hauptebene in gleicher Größe und Richtung in der hinteren Hauptebene abgebildet. Faßt man HA als Objekt auf, so ist H'B = HA das zugehörige Bild. Der durch P gehende achsenparallele Strahl trifft die beiden Hauptebenen in derselben Höhe. Einem achsenparallelen Strahl im Objektraum entspricht ein durch den hinteren Fokus gehender Strahl im Bildraum, d. h. dem Strahl PA im Objektraum entspricht der Strahl BF' im Bildraum. Der von P aus durch den vorderen Fokus F gehende Strahl möge die vordere Hauptebene in A_1 treffen. Der zugehörige Strahl im Bildraum muß durch einen Punkt B_1 der zweiten Hauptebene gehen, so daß $A_1 H = B_1 H'$ ist. Da der Strahl im Objektraum durch den Fokus geht, so muß der zugehörige Strahl im Bildraum parallel der optischen Achse verlaufen. Die beiden Strahlen im Bildraum schneiden sich im Punkte P', dem Bilde des Punktes P. Da, wie oben bewiesen, einem kleinen achsensenkrechten Objekt ein achsensenkrechtes Bild entspricht, so ist das von P' auf die optische Achse gefällte Lot $P'Q' = y'$ das Bild von PQ.

§ 5. Der Helmholtz-Lagrangesche Satz für ein Flächensystem.

Es soll nachgewiesen werden, daß der Helmholtz-Lagrangesche Satz, der oben für eine brechende Fläche abgeleitet war, seine Gültigkeit bei der Brechung durch ein Flächensystem behält.

In Fig. 36 möge ein Strahl von Q_1 ausgehend das optische System durchsetzen und nacheinander durch die Punkte Q_1, A_1, Q_2, A_2, Q_3, A_3, Q_4 gehen. Er möge hierbei mit der optischen Achse die Winkel u_1, u_1', u_2, u_2', u_3, u_3' bilden. Es ist:

$$\left.\begin{array}{l} u_1' = u_2 \\ u_2' = u_3 \end{array}\right\} \tag{115}$$

Wenden wir den Helmholtz-Lagrangeschen Satz auf jede einzelne Fläche an, so erhalten wir:

$$\left.\begin{array}{l} n_1 y_1 u_1 = n_1' y_1' u_1' \\ n_2 y_2 u_2 = n_2' y_2' u_2' \\ n_3 y_3 u_3 = n_3' y_3' u_3' \end{array}\right\} \tag{116}$$

Berücksichtigt man die Gl. (100), (101), (115), so folgt aus Gl. (116):

$$n_1 y_1 u_1 = n_3' y_3' u_3', \tag{117}$$

wo sich die Größen links sämtlich auf den Objektraum, die Größen rechts sämtlich auf den Bildraum beziehen. Mit Gl. (117) ist die Gültigkeit des Helmholtz-Lagrangeschen Satzes für beliebig viele brechende Flächen erwiesen.

§ 6. Ableitung einiger Formeln für die Lateralvergrößerung.

In Fig. 38 sei:

$$\sphericalangle AQF = u, \quad \sphericalangle BQ'F' = u'.$$

Dann ist, wenn man die Brechungsexponenten im Objekt- und Bildraum mit n und n' bezeichnet, nach dem Helmholtz-Lagrangeschen Satz:

$$n y u = n' y' u'.$$

Daraus folgt:

$$\beta = \frac{y'}{y} = \frac{nu}{n'u'} \tag{118}$$

§ 6. Ableitung einiger Formeln für die Lateralvergrößerung.

Ferner ist:
$$\operatorname{tg} u = u = \frac{y}{a}, \quad \operatorname{tg} u' = u' = \frac{y}{a'},$$

wenn $QH = a$ und $Q'H' = a'$ ist. Mithin ergibt sich aus Gl. (118):

$$\beta = \frac{y'}{y} = \frac{n \cdot y \cdot a'}{n' a y} = \frac{n \cdot a'}{n' \cdot a}, \tag{119}$$

in welcher Gleichung sich die Entfernungen a und a' nicht mehr wie bei einer brechenden Fläche auf den Flächenscheitel, sondern auf die beiden Hauptpunkte beziehen.

In Fig. 38 setzen wir:
$$QF = x, \quad Q'F' = x'; \quad HF = f, \quad H'F' = f'.$$

Außerdem ist:
$$PQ = AH = BH' = y, \quad P'Q' = A_1 H = B_1 H' = y'.$$

In F und F' konstruieren wir die beiden achsensenkrechten Ebenen, die man Fokalebenen nennt. Sie sind nicht konjugierte Ebenen. Die beiden Strahlen PA und $P'A'$ erzeugen in diesen beiden Ebenen die beiden Schnittpunkte C und C', und es ist $CF = y$, $C'F' = y'$. Aus der Ähnlichkeit der Dreiecke $BH'F'$ und $F'C'P'$ ergibt sich:

$$\frac{BH'}{H'F'} = \frac{F'C'}{C'P'}$$

oder

$$\frac{y}{f'} = \frac{y'}{x'}.$$

Hieraus folgt:

$$\beta = \frac{y'}{y} = \frac{x'}{f'} \tag{120}$$

94 Kap. V. Brechung durch ein zentriertes System usw.

Ebenso folgt aus der Ähnlichkeit der Dreiecke PCF und FHA_1:

$$\frac{PC}{CF} = \frac{FH}{HA_1}$$

oder

$$\frac{x}{y} = \frac{f}{y'}.$$

Hieraus folgt:

$$\beta = \frac{y'}{y} = \frac{f}{x} \qquad (121)$$

§ 7. Die Brennweiten eines Flächensystems.

Macht man sich diese soeben erhaltenen Resultate zunutze, so kann man leicht zwei wichtige Beziehungen ableiten. Aus den Gl. (120) u. (121) folgt unmittelbar:

$$x \cdot x' = f \cdot f', \qquad (122)$$

eine Beziehung, die schon oben für eine brechende Fläche abgeleitet war.

Es ist

$$a = x + f$$
$$a' = x' + f'.$$

Diese Werte in Gl. (122) eingesetzt, ergibt:

$$(a - f)(a' - f') = f \cdot f',$$

woraus man leicht erhält:

$$\frac{f}{a} + \frac{f'}{a'} = 1 \qquad (123)$$

Setzt man in dieser Gleichung einmal $a = \infty$ und dann $a' = \infty$, so folgt, daß die Größen f und f' tatsächlich den Brennweiten bei einer brechenden Fläche analog sind, d. h. in Gl. (123) sind f und f' die beiden

§ 7. Die Brennweiten eines Flächensystems.

Brennweiten des Systems. Sie beziehen sich nicht mehr wie bei einer brechenden Fläche auf den Flächenscheitel, sondern auf die beiden Hauptpunkte.

Es soll nachgewiesen werden, daß die Beziehung $\frac{n}{n'} = \frac{f}{f'}$, die für eine brechende Fläche abgeleitet war, auch jetzt bei mehreren Flächen ihre Gültigkeit behält. Setzt man in Gl. (119):

$$a = x + f$$
$$a' = x' + f',$$

so ergibt sich, wenn man noch Gl. (120) berücksichtigt:

$$\beta = \frac{x'}{f'} = \frac{n(x' + f')}{n'(x + f)}.$$

Hieraus folgt:

$$\frac{f}{f'} = \frac{n(x'f + ff')}{n' x'(x + f)}$$

oder zufolge Gl. (122):

$$\frac{f}{f'} = \frac{n(x'f + xx')}{n'x'(x + f)} = \frac{n\,x'(x + f)}{n'x'(x + f)}$$

oder

$$\frac{f}{f'} = \frac{n}{n'} \qquad (124)$$

In einem beliebigen brechenden System verhalten sich also die beiden Größen f und f' wie die Brechungsexponenten des ersten und letzten Mediums.

Wir bilden den Quotienten $\frac{n'}{f'}$, d. h. den Quotienten aus dem Brechungsexponenten des letzten Mediums und der hinteren Systembrennweite, und nennen diesen Quotienten die **Brechkraft des Systems**, so daß die Beziehung besteht:

$$D = \frac{n'}{f'} \tag{125}$$

Aus Gl. (124) folgt, daß dieselbe Brechkraft auch angegeben werden kann durch den Quotienten:

$$D = \frac{n}{f} \tag{126}$$

Beachtet man diese Beziehungen, so folgt aus den Gl. (120), (121), (122) unter Berücksichtigung der Gl. (65a):

$$\beta = \frac{D}{X'}, \tag{127}$$

$$\beta = \frac{X}{D}, \tag{128}$$

$$X \cdot X' = D^2, \tag{129}$$

drei Gleichungen, die sich schon oben für eine brechende Fläche ergeben hatten.

§ 8. Das Konvergenzverhältnis in bezug auf ein Flächensystem.

Wie bei einer brechenden Fläche, so definieren wir auch hier das Konvergenzverhältnis γ als den Quotienten der trigonometrischen Tangenten der beiden Winkel, den zwei konjugierte Strahlen im Bild- und Objektraum mit der optischen Achse bilden. In Fig. 38 sind z. B. die beiden Punkte Q und Q' konjugierte Punkte, QA und BQ' sind konjugierte Strahlen. Das Konvergenzverhäitnis in den Punkten Q und Q' ist, wenn nur Paraxialstrahlen berücksichtigt werden:

$$\gamma = \frac{\text{tg } u'}{\text{tg } u} = \frac{u'}{u}.$$

§ 8. Das Konvergenzverhältnis in bez. auf ein Flächensystem.

Wir wollen einige Ausdrücke für das Konvergenzverhältnis entwickeln. Nach dem Helmholtz-Lagrangeschen Satz ist:
$$nyu = n'y'u'.$$
Daraus folgt:
$$\gamma = \frac{u'}{u} = \frac{ny}{n'y'} = \frac{n}{n'} \cdot \frac{1}{\beta} \quad (130)$$

Setzt man für $\frac{n}{n'}$ und β die Werte aus den Gl. (124) und (120) ein, so folgt:
$$\gamma = \frac{f}{f'} \cdot \frac{f'}{x'},$$
d. h.
$$\gamma = \frac{f}{x'} \quad (131)$$

Ebenso folgt aus Gl. (130), wenn man die Gl. (124) und (121) berücksichtigt:
$$\gamma = \frac{x}{f'} \quad (132)$$

Aus den Gl. (131) und (132) folgt leicht:
$$\left.\begin{array}{l} \gamma = \nu_{12} \cdot \dfrac{X'}{D} \\ \gamma = \nu_{12} \cdot \dfrac{D}{X} \end{array}\right\} \quad (133)$$

Dieselben Ausdrücke, die sich oben für das Konvergenzverhältnis in bezug auf eine brechende Fläche ergeben haben, behalten also ihre Gültigkeit in bezug auf ein System brechender Flächen.

Hinrichs, Einführung in die geometrische Optik.

§ 9. Die Knotenpunkte eines Flächensystems.

Für die beiden Knotenpunkte ist bekanntlich das Konvergenzverhältnis $\gamma = -1$. Aus den Gl. (131) und (132) folgt:

$$x = -f',$$
$$x' = -f,$$

d. h. der vordere Knotenpunkt liegt vom vorderen Brennpunkte um die Strecke f' nach rechts, der hintere Knotenpunkt vom hinteren Brennpunkte um die

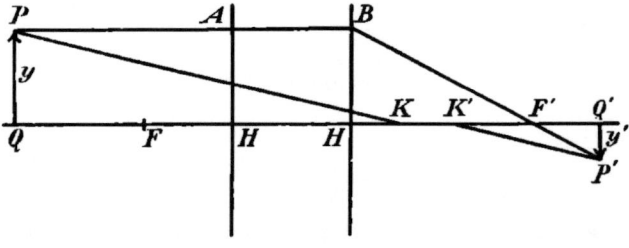

Fig. 39.

Strecke f nach links. Auch die Knotenpunkte eines Systems kann man benutzen, um zu einem gegebenen kleinen Objekt das konjugierte Bild zu konstruieren. In Fig. 39 seien F und F' die beiden Brennpunkte, H und H' die beiden Hauptpunkte, K und K' die beiden Knotenpunkte eines brechenden Systems. Das System selbst ist nicht gezeichnet, um die Figur nicht zu überlasten. Es ist also:

$$FH = KF' = f, \qquad F'H' = KF = f'.$$

Um zu dem Objekt $PQ = y$ das Bild zu konstruieren, ziehe man durch P den achsenparallelen Strahl, der die erste Hauptebene in A, die zweite in B trifft, so daß $AH = BH'$ ist. Ein zweiter von P ausgehender Strahl geht durch den vorderen Knotenpunkt K. Aus der Definition der Knotenpunkte folgt, daß der konjugierte Strahl im Bildraum durch den hinteren Knotenpunkt K' geht und parallel zu PK ist. Die beiden bildseitigen Strahlen schneiden sich in P'. Das von P' auf die optische Achse gefällte Lot P'Q' ist das Bild von PQ.

§ 10. Definition der Brennweiten nach Abbe.

Als vordere und hintere Brennweite f und f' haben wir bisher immer die Entfernung des vorderen Hauptpunktes vom vorderen Brennpunkt, bzw. des hinteren Hauptpunktes vom hinteren Brennpunkte angesehen. Wir wollen noch eine zweite Definition der Brennweiten einführen, die zuerst von Abbe angegeben ist.

Für die Vergrößerung β hatten wir gefunden:

$$\beta = \frac{n \cdot a'}{n' \cdot a},$$

wofür man auch schreiben kann:

$$\beta = \frac{n(x' + f')}{n'(x + f)},$$

Daraus folgt:

$$\frac{x' + f'}{x + f} = \frac{n'\beta}{n}. \qquad (134)$$

In Fig. 38 möge der Strahl AQ die vordere Fokalebene in D. der konjugierte Strahl BQ' die hintere Fokalebene in D' schneiden. Wir setzen:

$$FD = h, \qquad F'D' = h'.$$

Aus der Ähnlichkeit der Dreiecke DQF und AQH folgt:

$$\frac{h}{x} = \frac{y}{x + f} \qquad (135)$$

Ferner ist:

$$\operatorname{tg} u' = \frac{y}{x' + f'} \qquad 136)$$

100 Kap. V. Brechung durch ein zentriertes System usw.

Aus den Gl. (135) und (136) folgt:

$$\frac{h}{x} = \frac{\operatorname{tg} u' (x' + f')}{x + f}$$

oder
$$\frac{x' + f'}{x + f} = \frac{h}{x \cdot \operatorname{tg} u'} \tag{137}$$

Aus den Gl. (134) und (137) folgt:

$$\frac{n'}{n} \beta = \frac{h}{x \cdot \operatorname{tg} u'}.$$

Setzt man für $\frac{n'}{n}$ und β die Werte $\frac{f'}{f}$ bzw. $\frac{x'}{f'}$ ein, so erhält man, wenn man noch mit x multipliziert:

$$\frac{x \cdot x'}{f} = \frac{f \cdot f'}{f} = \frac{h}{\operatorname{tg} u'}.$$

Also ergibt sich für die hintere Brennweite:

$$f' = \frac{h}{\operatorname{tg} u'}, \tag{138}$$

d. h. **die hintere Brennweite f' eines brechenden Systems ist gleich dem Quotienten aus der Höhe h, in der ein Strahl im Objektraum die Fokalebene schneidet, und der trigonometrischen Tangente desjenigen Winkels, den der konjugierte Strahl im Bildraum mit der optischen Achse einschließt.** Ebenso kann man für die vordere Brennweite f die Gleichung ableiten:

$$f = \frac{h'}{\operatorname{tg} u}, \tag{139}$$

d. h. **die vordere Brennweite f eines optischen Systems ist gleich dem Quotienten aus der Höhe h', in der ein Strahl im Bildraum die hintere Fokalebene schneidet, und der trigonometrischen Tangente desjenigen Winkels, den der konjugierte Strahl im Objektraum mit der optischen Achse bildet.** Für Paraxialstrahlen gehen die Gl. (138) und (139) über in:

$$f' = \frac{h}{u'}, \tag{140}$$

$$f = \frac{h'}{u} \tag{141}$$

§ 11. Die Berechnung der Brennweiten aus den einzelnen Schnittweiten eines Strahles.

Wir wollen noch eine Gleichung entwickeln, mit deren Hilfe man die Brennweiten eines brechenden Systems aus den einzelnen Schnittweiten eines Strahles berechnen kann. Zu diesem Zwecke setzen wir in Fig. 36:
$$\sphericalangle P_1 S_1 Q_1 = \varphi.$$

Dann ist für Paraxialstrahlen:
$$\varphi = \frac{y_1}{a_1}.$$

Nach der Abbeschen Definition der Brennweite ist:
$$f = \frac{y_3'}{\varphi}.$$

Aus den beiden letzten Gleichungen folgt:
$$f = \frac{y_3' \cdot a_1}{y_1} = \beta \cdot a_1.$$

Berücksichtigt man die Gl. (111), so folgt hieraus:
$$f = \frac{n_1}{n_3'} \cdot \frac{a_1' a_2' a_3'}{a_2 a_3}. \tag{142}$$

Die hintere Brennweite kann dann aus der Beziehung
$$\frac{f}{f'} = \frac{n}{n'}$$
ermittelt werden.

§ 12. Die Abbesche Zählweise.

In Fig. 40 sei eine brechende Fläche mit dem Scheitel S, dem Krümmungsmittelpunkt M und dem Krümmungsradius r dargestellt, die zwei Medien mit

Kap. V. Brechung durch ein zentriertes System usw.

den Brechungsexponenten n und n' voneinander trennt. Ist P ein Objektpunkt, P' sein konjugiertes Bild, so ist $PS = a$, $S'P' = a'$. Wir haben hierbei stillschweigend vorausgesetzt, daß, vom Scheitel der Fläche ausgehend, die Schnittweiten im Objektraum nach links, im Bildraum dagegen nach rechts positiv gerechnet werden. Diese Annahme ist zwar für die Anschauung sehr vorteilhaft, bei numerischen Berechnungen führt sie jedoch, sobald es sich um mehrere brechende Flächen handelt, zu großen Schwierigkeiten. Wir treffen deshalb folgende wichtige Festsetzung.

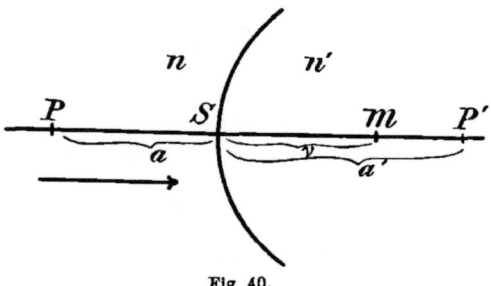

Fig. 40.

Wir nehmen als Lichtrichtung stets die Richtung von links nach rechts — Richtung des Pfeiles — an. Die Schnittweiten vom Scheitel der Fläche aus in Richtung des Lichtes rechnen wir positiv, in entgegengesetzter Richtung negativ. Müssen wir, um vom Flächenscheitel zum Krümmungsmittelpunkt zu gelangen, in Richtung des Lichtes fortschreiten, so ist der Radius der Fläche positiv; müssen wir uns entgegen der Lichtrichtung bewegen, so ist der Radius negativ.

§ 12. Die Abbesche Zählweise.   103

In Fig. 40 ist also die Bildweite a' positiv, die Objektweite a negativ, der Krümmungsradius r ist positiv.

Wir wollen diese Verhältnisse noch etwas näher erläutern.

In Fig. 41 falle von einem leuchtenden Punkt P ein Strahl PA auf eine brechende Fläche mit dem Scheitel S_1, dem Krümmungsmittelpunkt M_1 und dem Krümmungsradius r_1. Der zugehörige gebrochene Strahl schneidet die optische Achse in P_1. Wir nehmen an, daß sämtliche Strahlen in unmittelbarer Nähe der

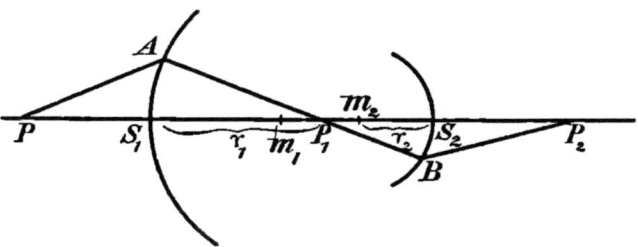

Fig. 41.

optischen Achse verlaufen. Nach den oben getroffenen Festsetzungen ist dann der Radius r_1 positiv, die Objektweite $PS_1 = PA$ negativ, die Bildweite $SP_1 = AP_1$ positiv. Der gebrochene Strahl AP_1 trifft eine zweite brechende Fläche mit dem Scheitel S_2, dem Krümmungsmittelpunkt M_2 und dem Krümmungsradius r_2 in B. Der Strahl wird hier gebrochen und schneidet nach der Brechung die optische Achse in P_2. Der Punkt P_1 ist in bezug auf die zweite brechende Fläche Objektpunkt; der Punkt P_2 ist der konjugierte Bildpunkt. Die Objektweite $P_1 S_2 = P_1 B$ ist negativ, die Bildweite $S_2 P_2 = BP_2$ ist positiv, der Radius r_2 negativ.

104 Kap. V. Brechung durch ein zentriertes System usw.

Es kann nun der Fall eintreten, daß die zweite brechende Fläche zwischen S_1 uud P_1 liegt, wie es in Fig. 42 dargestellt ist. Bevor der an der ersten Fläche gebrochene Strahl die optische Achse schneidet, trifft er die zweite Fläche in B. Der Punkt P_1 entsteht also in Wirklichkeit gar nicht, vielmehr wird der Strahl AP_1 in B nach P_2 gebrochen. Trotzdem muß man konsequenterweise annchmen, daß der Punkt P_1 Bildpunkt in bezug auf die erste Fläche und Objektpunkt in bezug auf die zweite Fläche ist. P_2 ist der Bildpunkt in bezug auf die zweite brechende Fläche.

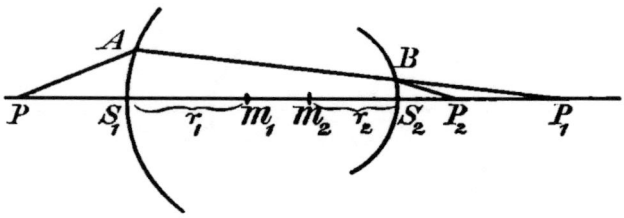

Fig. 42.

Nach den oben getroffenen Festsetzungen ist die Objektweite $S_2P_1 = BP_1$ positiv, die Bildweite $S_2P_2 = BP_2$ ebenfalls positiv. Der Radius r_2 ist negativ.

Wir kehren nun zurück zu einer brechenden Fläche — Fig. 40. Wir hatten oben — Gl. (53) — bewiesen, daß für die Objektweite a und die Bildweite a' die Gleichung besteht:

$$\frac{n}{a} + \frac{n'}{a'} = \frac{n'-n}{r}.$$

Nach der oben getroffenen Festsetzung muß nun a negativ, a' positiv gesetzt werden. Um Irrtümer zu vermeiden, wollen wir jedoch für die Zeichen a

§ 12. Die Abbesche Zählweise.

die Zeichen p — der Buchstabe p deutet auf Paraxialstrahlen — einführen. Wir müssen also setzen:

$$a = -p$$
$$a' = p'.$$

Die obige Abbildungsgleichung geht dann über in:

$$\frac{n'}{p'} - \frac{n}{p} = \frac{n'-n}{r} \qquad (143)$$

In Fig. 43 sind zwei brechende Flächen dargestellt. Nach der alten Bezeichnungsweise ist dann:

$$PS_1 = a_1, \quad S_1P_1 = a_1', \quad P_1S_2 = a_2, \quad S_2P_2 = a_2'.$$

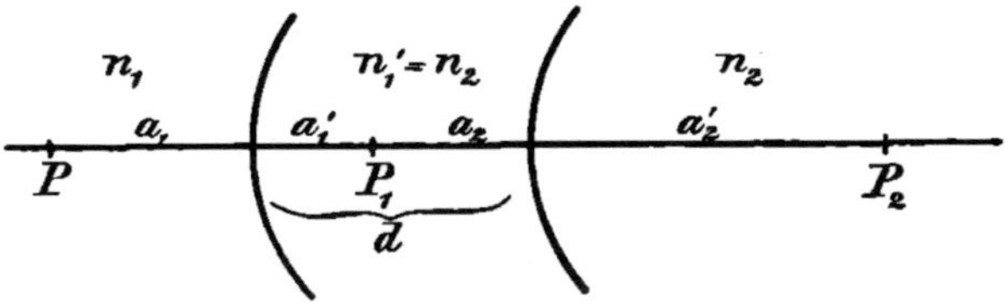

Fig. 43.

Wendet man Gl. (103) auf diesen Fall an, so erhält man, wenn man $S_1S_2 = d$ setzt:

$$\left.\begin{array}{c} \dfrac{n_1}{a_1} + \dfrac{n_1'}{a_1'} = \dfrac{n_1'-n_1}{r_1} \\ a_1' + a_2 = d \\ \dfrac{n_2}{a_2} + \dfrac{n_2'}{a_2'} = \dfrac{n_2'-n_2}{r_2} \end{array}\right\} \qquad (144)$$

Nach der neuen Bezeichnungsweise muß man setzen:

$$a_1 = -p_1, \quad a_1' = p_1', \quad a_2 = -p_2, \quad a_2' = p_2'.$$

Dann geht Gl. (144) über in:

$$\left.\begin{array}{c}\dfrac{n_1'}{p_1'}-\dfrac{n_1}{p_1}=\dfrac{n_1'-n_1}{r_1}\\ p_1'-p_2=d\\ \dfrac{n_2'}{p_2'}-\dfrac{n_2}{p_2}=\dfrac{n_2'-n_2}{r_2}\end{array}\right\} \quad (145)$$

Diese Gleichungen lassen sich ohne weiteres durch Erhöhen der Indizes auf beliebig viele Flächen ausdehnen.

Der Ausdruck für die vordere Brennweite f — Gl. (142) — wird, wenn wir die neue Bezeichnungsweise anwenden, abgesehen vom Vorzeichen:

$$f = \frac{n_1}{n_2'} \cdot \frac{p_1' p_2'}{p_2} \quad (146)$$

Die hintere Brennweite f' erhält man aus der Gleichung:
$$\frac{f'}{f} = \frac{n_2'}{n_1}.$$

Wendet man die Abbesche Zählweise auch auf die Gl. (104) an, so ergibt sich:

$$A_1' - A_1 = D_1,$$
$$\frac{1}{A_1'} - \frac{1}{A_2} = \delta_1,$$
$$A_2' - A_2 = D_2,$$
$$\frac{1}{A_2'} - \frac{1}{A_3} = \delta_2,$$
$$A_3' - A_3 = D_3$$

oder

$$\left.\begin{array}{c}\dfrac{A_2}{\delta_1 A_2 + 1} - A_1 = D_1\\ \dfrac{A_3}{\delta_2 A_3 + 1} - A_2 = D_2\\ A_3' - A_3 = D_3\end{array}\right\} \quad (147)$$

§ 13. Berechnung der Brechkraft einer Kombination aus zwei Einzelsystemen.

In Fig. 44 seien zwei Teilsysteme S_1 und S_2 mit den Brechkräften D_1 und D_2 hergestellt. Die Brennpunkte des ersten bzw. zweiten Systems seien F_1, $F_1{'}$ bzw. F_2, $F_2{'}$. Die Hauptpunkte des ersten bzw. zweiten Systems seien H_1, $H_1{'}$ bzw. H_2, $H_2{'}$. Die Brennweiten des ersten bzw. zweiten Systems seien f_1, $f_1{'}$ bzw. f_2, $f_2{'}$. Die objektseitige bzw. bildseitige Brennweite der ganzen Kombination sei f bzw. f'.

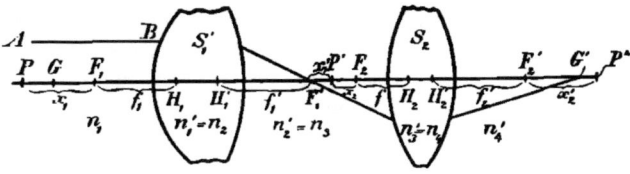

Fig. 44.

Der objektseitige bzw. bildseitige Brennpunkt der Kombination sei G bzw. G'. Die Brechungsexponenten seien der Reihe nach n_1, $n_1{'} = n_2$, $n_2{'} = n_3$, $n_3{'} = n_4$, $n_4{'}$. Ferner setzen wir die Entfernung der beiden einander zugewandten Brennpunkte — d. h. die Entfernung des hinteren Brennpunktes des Systems S_1 vom vorderen Brennpunkt des Systems S_2 — gleich e, so daß wir haben:

$$F_1{'}F_2 = e.$$

Diese Entfernung e führt den Namen optische Tubuslänge. Die Entfernung der einander zugewandten Hauptpunkte setzen wir gleich d, so daß wir haben:

$$H_1{'}H_2 = d.$$

Kap. V. Brechung durch ein zentriertes System usw.

Ein Objektpunkt P möge mittels des Systems S_1 in P′, dieser mittels des Systems S_2 in P″ abgebildet werden, so daß P″ das Bild von P mittels der ganzen Kombination ist. Wir setzen:

$$PF_1 = x_1, \quad F_1'P' = x_1'$$
$$P'F_2 = x_2, \quad F_2'P'' = x_2'.$$

Dann ist:

$$\left.\begin{array}{l} x_1' + x_2 = e \\ f_1' + f_2 + e = d \end{array}\right\} \quad (147\,\mathrm{a})$$

Es möge ein Strahl AB im Objektraum parallel zur optischen Achse verlaufen. Nach der Brechung durch das System S_1 geht er durch den Brennpunkt F_1' und bildet hier den Winkel u mit der optischen Achse. Nach der weiteren Brechung durch des System S_2 geht er durch den Kombinationsbrennpunkt G′, wo er mit der optischen Achse den Winkel u′ bildet. Bezeichnen wir die Entfernung des achsenparallelen Strahles AB im Objektraum von der optischen Achse mit h, so ist zufolge der Abbeschen Definition der Brennweite:

$$f_1' = \frac{h}{\operatorname{tg} u}.$$

Das in den Punkten F_1' und G′, durch welche der Strahl hindurchgeht, herrschende Konvergenzverhältnis ist nach Gl. (132):

$$\frac{\operatorname{tg} u'}{\operatorname{tg} u} = \frac{F_1'F_2}{f_2'} = \frac{e}{f_2'}.$$

Eliminiert man aus den beiden letzten Gleichungen tg u, so folgt:

$$\frac{h}{\operatorname{tg} u'} = \frac{f_1' \cdot f_2'}{e}.$$

§ 13. Berechnung der Brechkraft einer Kombination usw.

Der Ausdruck $\dfrac{h}{\operatorname{tg} u'}$ ist aber nichts anderes als die hintere Brennweite f' der Systemkombination, so daß man hat:

$$f' = \frac{f_1' \cdot f_2'}{e} \qquad (148)$$

Ebenso ergibt sich für die vordere Brennweite f der Kombination:

$$f = \frac{f_1 f_2}{e} \qquad (149)$$

Aus den Gl. (147a) und (149) folgt:

$$\frac{1}{f} = \frac{d - f_1' - f_2}{f_1 f_2}$$

oder

$$\frac{1}{f} = \frac{d}{f_1 f_2} - \frac{f_2}{f_1 f_2} - \frac{f_1'}{f_1 f_2},$$

$$\frac{1}{f} = \frac{d}{f_1 f_2} - \frac{1}{f_1} - \frac{n_2'}{n_1 f_2},$$

$$\frac{n_1}{f} = \frac{d}{n_2'} \cdot \frac{n_1}{f_1} \cdot \frac{n_2'}{f_2} - \frac{n_1}{f_1} - \frac{n_2'}{f_2} \qquad (150)$$

Nach den früheren Definitionen ist:

$$D_1 = \frac{n_1}{f_1}, \quad D_2 = \frac{n_2'}{f_2}, \quad \delta = \frac{d}{n_2'}.$$

Setzt man außerdem:

$$D = \frac{n}{f'},$$

wo D also die Brechkraft der ganzen Kombination bedeutet, so ergibt sich aus Gl. (150):

$$D = \delta D_1 D_2 - D_1 - D_2 \qquad (151)$$

Ist $\delta = 0$, d. h. ist in einer Kombination aus zwei Teilsystemen die Entfernung d der beiden zugewandten Hauptpunkte gleich Null, so wäre zufolge Gl. (151) die Brechkraft der Kombination:

$$D = -(D_1 + D_2).$$

Daraus folgt, daß, wenn jedes der Teilsysteme eine positive Brennweite hat, die Brennweite der Kombination negativ ist. Um diese Unstimmigkeit zu beseitigen, müssen wir in Gl. (151) das Vorzeichen ändern, so daß für die Brechkraft einer Kombination die Beziehung besteht:

$$D = D_1 + D_2 - \delta D_1 D_2 \tag{152}$$

Übungen zu Kapitel V.

1. Eine in Luft befindliche Glaskugel habe den Radius 5 cm und den Brechungsexponenten 1,5. Wo liegt das Bild eines 15 cm vor der Kugel befindlichen Objektes?

Zur Bestimmung des Bildpunkts wollen wir uns der sog. „Methode der Durchrechnung" bedienen, die für die praktische Optik von großer Wichtigkeit ist. Zu diesem Zweck schreiben wir die Gl. (145) in folgender Form:

$$\left.\begin{array}{l} \dfrac{1}{p_1'} = \dfrac{1}{n_1'}\left(\dfrac{n_1' - n_1}{r_1} + \dfrac{n_1}{p_1}\right) \\ p_2 = p_1' - d \\ \dfrac{1}{p_2'} = \dfrac{1}{n_2'}\left(\dfrac{n_2' - n_2}{r_2} + \dfrac{n_2}{p_2}\right) \end{array}\right\} \tag{153}$$

Hierin ist:

$n_1 = 1$, $n_1' = n_2 = 1,5$, $n_2' = 1$,
$r_1 = 5$ cm, $r_2 = -5$ cm,
$d = 10$ cm; $p_1 = -15$ cm.

Übungen zu Kapitel V.

Berücksichtigt man diese Werte, so ergibt sich aus (153):

$\log(n_1' - n_1)$	$0{,}69897 \ -1$		$\log(n_2' - n_2)$	$0{,}69897 \ -1\ -$
$\log r_1$	$0{,}69897$		$\log r_2$	$0{,}69897 \ -$
$\log \dfrac{n_1' - n_1}{r_1}$	$0{,}00000 \ -1$		$\log \dfrac{n_2' - n_2}{r_2}$	$0{,}00000 \ -1$
$\log n_1$	$2{,}00000 - 2$		$\log n_2$	$2{,}17609 \ -2$
$\log p_1$	$1{,}17609 \ -\ast)$		$\log p_2$	$1{,}54407$
$\log \dfrac{n_1}{p_1}$	$0{,}82391 - 2\ -$		$\log \dfrac{n_2}{p_2}$	$0{,}63202 \ -2$
$\dfrac{n_1' - n_1}{r_1}$	$0{,}1$		$\dfrac{n_2' - n_2}{r_2}$	$0{,}1$
$\dfrac{n_1}{p_1}$	$-\,0{,}066667$		$\dfrac{n_2}{p_2}$	$0{,}042857$
$\dfrac{n_1' - n_1}{r_1} + \dfrac{n_1}{p_1}$	$0{,}033333$		$\dfrac{n_2' - n_2}{r_2} + \dfrac{n_2}{p_2}$	$0{,}142857$
$\log\left(\dfrac{n_1' - n_1}{r_1} + \dfrac{n_1}{p_1}\right)$	$0{,}52288{.}5 \ -2$		$\log\left(\dfrac{n_2' - n_2}{r_2} + \dfrac{n_2}{p_2}\right)$	$0{,}15491 \ -1$
$\log n_1'$	$0{,}17609$		$\log n_2'$	$0{,}00000$
$\log \dfrac{1}{p_1'}$	$0{,}34679{.}5 - 2$		$\log \dfrac{1}{p_2'}$	$0{,}15491 \ -1$
$\log p_1'$	$1{,}65320{.}5$		$\log p_2'$	$0{,}84509$
p_1'	$45{,}0$		p_2'	$6{,}9998$
$-d$	$-\,10{,}0$			
p_2	$35{,}0$			

Der Bildpunkt liegt 7,0 cm hinter der Kugel.

Dasselbe Beispiel soll mit Hilfe der Dioptrie- und Konvergenzrechnung durchgeführt werden.

Es ist:

$$n_1 = n_2' = 1, \quad n_1' = n_2 = 1{,}5,$$
$$r_1 = 0{,}05 \text{ m}, \quad r_2 = -\,0{,}05 \text{ m},$$
$$d = 0{,}1 \text{ m}, \quad \delta = 0{,}06667,$$
$$D_1 = \frac{1{,}5 - 1}{0{,}05} = 10 \text{ Dioptr.}, \quad D_2 = \frac{1 - 1{,}5}{-\,0{,}05} = 10 \text{ Dioptr.}$$

---

*) Das negative Vorzeichen hinter einem Logarithmus deutet auf einen negativen Numerus.

112 Kap. V. Brechung durch ein zentriertes System usw.

Wenden wir das Gleichungssystem (147) auf den vorliegenden Fall an, so wird:

$$\frac{A_2}{\delta A_2 + 1} - A_1 = D_1,$$
$$A_2' - A_2 = D_2,$$

wofür man auch schreiben kann:

$$\left.\begin{array}{l} A_2 = \dfrac{A_1 + D_1}{1 - \delta(A_1 + D_1)} \\ A_2' = A_2 + D_2 \end{array}\right\} \quad (154)$$

Da der Objektpunkt 0,15 m vor der Kugel liegt, so ist:

$$A_1 = -\frac{1}{0{,}15} = -6{,}6667.$$

Folglich ergibt sich aus (154):

$$\begin{array}{ll}
A_1 + D_1 \ldots & 3{,}3333 \\
\log(A_1 + D_1) & 0{,}52287.9 \\
\log \delta \ldots & .\ 0{,}82393\ -2 \\ \hline
\log \delta(A_1 + D_1) & 0{,}34680.9\ -1 \\
\delta(A_1 + D_1) \ldots & 0{,}22223 \\
1 - \delta(A_1 + D_1) \ldots & 0{,}77777 \\
\log[1 - \delta(A_1 + D_1)] & 0{,}89085.2\ -1 \\
\log \dfrac{1}{1 - \delta(A_1 + D_1)} & .\ 0{,}10914.8 \\
\log(A_1 + D_1) & .\ 0{,}52287.9 \\ \hline
\log A_2 & 0{,}63202.7 \\
A_2 & .\ 4{,}2858 \\
D_2 & \underline{10} \\
A_2' \ldots\ldots & 14{,}2858
\end{array}$$

Die Entfernung des Bildpunktes vom hinteren Kugelscheitel wird dann:

$$\frac{1}{14{,}2858} = 0{,}07\text{ m} = 7\text{ cm}.$$

Endlich wollen wir dasselbe Beispiel noch mit Hilfe der auf die Brennpunkte bezogenen Gl. (108) durchrechnen.

Es ist:

$$n_1 = 1, \quad n_1' = n_2 = 1{,}5, \quad n_2' = 1,$$
$$r_1 = 0{,}05\text{ m}, \quad r_2 = -0{,}05\text{ m},$$
$$d = 0{,}1\text{ m}, \quad \delta = \frac{0{,}1}{1{,}5} = 0{,}0667,$$

Übungen zu Kapitel V.

$$D_1 = \frac{1,5-1}{0,05} = 10 \text{ Dioptr.}, \quad D_2 = \frac{1-1,5}{-0,05} = 10 \text{ Dioptr.},$$

$$f_1 = \frac{1}{D_1} = \frac{1}{10} = 0,1 \text{ m}, \quad f_1' = 1,5 \cdot 0,1 = 0,15 \text{ m},$$

$$f_2 = \frac{n_2}{D_2} = \frac{1,5}{10} = 0,15 \text{ m}, \quad f_2' = \frac{0,15}{1,5} = 0,1 \text{ m},$$

$$\varepsilon = 0,0667 - 0,1 - 0,1 = -0,1333.$$

Da das Objekt 0,15 m vor der ersten brechenden Fläche liegt, so ist:
$$x_1 = 0,05 \text{ m}, \quad X_1 = 20, \quad C_1 = 2.$$

Wendet man das Gleichungssystem (108) auf den vorliegenden Fall an, so wird:

$$\frac{C_1}{D_1} + \frac{1}{C_2 D_2} = \varepsilon,$$

$$C_2' = \frac{1}{C_2}.$$

Dafür kann man auch schreiben:

$$C_2 = \frac{D_1}{D_2(\varepsilon D_1 - C_1)},$$

$$C_2' = \frac{1}{C_2}.$$

Setzt man die Zahlenwerte ein, so folgt:

$\log \varepsilon$	$0,12483 - 1 -$
$\log D_1$	$1,00000$
$\log \varepsilon D_1$	$0,12483 -$
εD_1	$-1,333$
$-C_1$	-2
$\varepsilon D_1 - C_1$	$-3,333$
$\log(\varepsilon D_1 - C_1)$	$0,52284 -$
$\log D_2$	$1,00000$
$\log D_2(\varepsilon D_1 - C_1)$	$1,52284 -$
$\log \dfrac{1}{D_2(\varepsilon D_1 - C_1)}$	$0,47716 - 2 -$
$\log D_1$	$1,00000$
$\log C_2$	$0,47716 - 1 -$
$\log \dfrac{1}{C_2}$	$0,52284 -$
C_2'	$-3,333$

114 Kap. V. Brechung durch ein zentriertes System usw.

Die Entfernung des Bildpunktes vom hinteren Brennpunkt der zweiten brechenden Fläche wird zufolge Gl. (68):

$$x_2' = -\frac{1}{3{,}333 \cdot 10} = -0{,}03 \text{ m},$$

d. h. der Bildpunkt liegt 3 cm vom hinteren Brennpunkt der zweiten brechenden Fläche aus nach links, also 7 cm hinter dem hinteren Kugelscheitel.

2. Eine in Luft befindliche Halbkugel aus Glas vom Brechungsexponenten 1,6 habe einen Radius von 5,5 cm. Sie wende dem einfallenden Lichte die konvexe Seite zu. Wo liegen die Brennpunkte und die Hauptpunkte der Halbkugel? Welches sind ihre Brennweiten?

Es ist:

$$n_1 = 1, \quad n_1' = n_2 = 1{,}6, \quad n_2' = 1,$$
$$d = 0{,}055 \text{ m}, \quad \delta = \frac{0{,}055}{1{,}6} = 0{,}0344,$$
$$r_1 = 0{,}055 \text{ m}, \quad r_2 = \infty,$$
$$D_1 = \frac{1{,}6 - 1}{0{,}055} = 10{,}91 \text{ Dioptr.}, \quad D_2 = 0.$$

Wenden wir das Gleichungssystem (147) auf den vorliegenden Fall an, so wird:

$$\frac{A_2}{\delta A_2 + 1} - A_1 = D_1, \tag{155}$$

$$A_2' - A_2 = D_2, \tag{156}$$

wofür man auch schreiben kann:

$$\left.\begin{array}{l} A_2 = \dfrac{A_1 + D_1}{1 - \delta(A_1 + D_1)} \\ A_2' = A_2 + D_2. \end{array}\right\} \tag{157}$$

Es soll zunächst der Ort des hinteren Systembrennpunktes berechnet werden. Zu diesem Zweck muß man setzen:

$$A_1 = 0,$$

dann liefert Gl. (157) den zugehörigen Wert A_2'. Berücksichtigt man die gegebenen Zahlenwerte, so wird:

Übungen zu Kapitel V.

$$\begin{array}{ll}
A_1 + D_1 \ldots & 10{,}91 \\
\log(A_1 + D_1) & 1{,}03782 \\
\log \delta \ldots & 0{,}53656 - 2 \\ \hline
\log \delta(A_1 + D_1) & 0{,}57438 - 1 \\
\delta(A_1 + D_1) \ldots & 0{,}3753 \\
1 - \delta(A_1 + D_1) & 0{,}6247 \\
\log(A_1 + D_1) \ldots & 1{,}03782 \\
\log[1 - \delta(A_1 + D_1)] & 0{,}79567 - 1 \\ \hline
\log A_2 & 1{,}24215 \\
A_2 & 17{,}464 \\
D_2 \ldots & 0 \\ \hline
A_2' & 17{,}464
\end{array}$$

Die Entfernung des hinteren Systembrennpunktes vom Scheitel der letzten Fläche wird dann:

$$\frac{n_2}{A_2} = -\frac{1}{17{,}464} = 0{,}0573 \text{ m} = 5{,}73 \text{ cm}.$$

Um den Ort des vordern Systembrennpunktes zu bestimmen, schreiben wir das Gleichungssystem (157) in der Form:

$$A_2 = A_2' - D_2$$
$$A_1 = \frac{A_2}{\delta A_2 + 1} - D_1,$$

setzen $A_2' = 0$ und berechnen den zugehörigen Wert von A_1.

Da $A_2' = 0$ ist, so wird:
$$A_2 = -D_2 = 0$$
und
$$A_1 = -D_1 = -10{,}91.$$

Die Entfernung des vorderen Systembrennpunktes vom Scheitel der ersten Fläche wird:

$$\frac{n_1}{A_1} = -\frac{1}{10{,}91} = -0{,}0917 \text{ m} = -9{,}17 \text{ cm}.$$

Um die Brennweite der Halbkugel zu berechnen, benutzen wir Gl. (152):

$$D = D_1 + D_2 - \delta D_1 D_2.$$

Hierin ist:
$$D_1 = 10{,}91 \text{ Dioptr.}, \quad D_2 = 0.$$

Folglich wird:
$$D = 10{,}91 \text{ Dioptr.}$$

116 Kap. V. Brechung durch ein zentriertes System usw.

Für die Brennweite f der Halbkugel ergibt sich mithin
$$f = \frac{1}{10{,}91} = 0{,}0917 \text{ m} = 9{,}17 \text{ cm}.$$
Die hintere Brennweite f' ist ebenfalls 9,17 cm. Der vordere Hauptpunkt liegt, mithin im Scheitel der vorderen Fläche, der hintere Hauptpunkt 2,1 cm vom Scheitel derselben Fläche entfernt im Innern der Halbkugel.

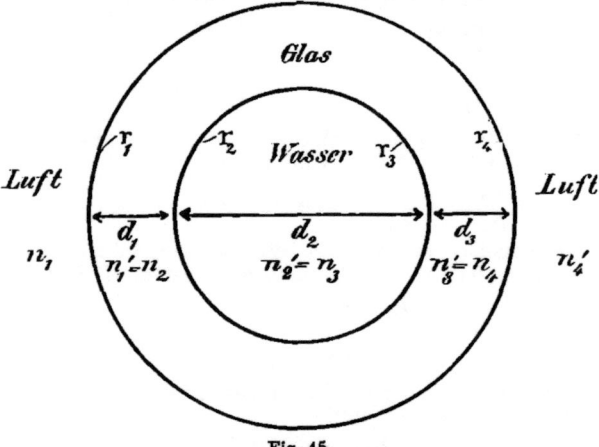

Fig. 45.

3. Eine in Luft befindliche Hohlkugel aus Glas vom Brechungsexponenten 1,5 sei mit Wasser vom Brechungsexponenten 1,3 gefüllt. Der Radius der äußeren Kugelfläche sei 5 cm, der der inneren 3 cm. 25 cm vor der Hohlkugel befinde sich ein achsensenkrechtes Objekt von 2,5 cm Größe. Wo liegt das Bild desselben und wie groß ist es?

Es ist:
$n_1 = n_4' = 1$, $n_1' = n_2 = n_3' = n_4 = 1{,}5$, $n_2' = n_3 = 1{,}3$,
$r_1 = 0{,}05$ m, $r_2 = 0{,}03$ m, $r_3 = -0{,}03$ m, $r_4 = -0{,}05$ m,
$d_{12} = d_{34} = 0{,}02$ m, $d_{23} = 0{,}06$ m,
$\delta_{12} = \delta_{34} = 0{,}0133$, $\delta_{23} = 0{,}0461$,
$D_1 = D_4 = \dfrac{1{,}5 - 1}{0{,}05} = 10$ Dioptr., $D_2 = D_3 = \dfrac{1{,}3 - 1{,}5}{0{,}03}$
$= -6{,}67$ Dioptr.

Übungen zu Kapitel V.   117

Da das Objekt 0,25 m vor der Kugel liegt, so ist:
$$A_1 = -\frac{1}{0{,}25} = -4.$$

Dehnen wir das Gleichungssystem (157) auf den vorliegenden Fall aus, so wird:

$$\left.\begin{aligned}A_2 &= \frac{A_1 + D_1}{1 - \delta_{12}(A_1 + D_1)} \\ A_3 &= \frac{A_2 + D_2}{1 - \delta_{23}(A_2 + D_2)} \\ A_4 &= \frac{A_3 + D_3}{1 - \delta_{34}(A_3 + D_3)} \\ A_4' &= A_4 + D_4.\end{aligned}\right\} \quad (158)$$

Berechnung von A_2:

$A_1 + D_1$ ..	6
$\log(A_1 + D_1)$	0,77815
$\log \delta_{12}$ ..	0,12385 — 2
$\log \delta_{12}(A_1 + D_1)$	0,90200 — 2
$\delta_{12}(A_1 + D_1)$	0,0798
$1 - \delta_{12}(A_1 + D_1)$ ..	0,9202
$\log[1 - \delta_{12}(A_1 + D_1)]$	0,96388 — 1
$\log \dfrac{1}{1 - \delta_{12}(A_1 + D_1)}$	0,03612
$\log(A_1 + D_1)$.	0,77815
$\log A_2$	0,81427
A_2 .	6,5203

Berechnung von A_3:   Berechnung von A_4:

	A_3	A_4
$A_2 + D_2$ ..	— 0,1497	— 6,8187
$\log(A_2 + D_2)$	0,17522 — 1 —	0,83370.2 —
$\log \delta_{23}$ . . .	0,66370 — 2	0,12385 — 2
$\log \delta_{23}(A_2 + D_2)$	0,83892 — 3 —	0,95755.2 — 2 —
$\delta_{23}(A_2 + D_2)$.	— 0,006901	— 0,090688
$1 - \delta_{23}(A_2 + D_2)$.	1,006901	1,090688
$\log[1 - \delta_{23}(A_2 + D_2)]$	0,00298.7	0,03770.3
$\log \dfrac{1}{1 - \delta_{23}(A_2 + D_2)}$	0,99701.3 — 1	0,96229.7 — 1
$\log(A_2 + D_2)$.	0,17522 — 1 —	0,83370.2 —
$\log A_3$	0,17223.3 — 1 —	0,79599.9 —
A_3	— 0,14867	A_4 — 6,2517

Kap. V. Brechung durch ein zentriertes System usw.

Berechnung von A_4':

$$\begin{array}{rl} A_4 & -\ 6{,}2517 \\ D_4 & 10 \\ \hline A_4' & 3{,}7483 \end{array}$$

Die Entfernung des Bildes von der letzten brechenden Fläche wird dann:

$$\frac{n_4'}{A_4'} = \frac{1}{3{,}7483} = 0{,}267 \text{ m} = 26{,}7 \text{ cm}.$$

Um die Größe des Bildes y' zu bestimmen, wenden wir Gl. (112) an. Es ist:

$$y' = \frac{y \cdot A_1 \cdot A_2 \cdot A_3 \cdot A_4}{A_1' \cdot A_2' \cdot A_3' \cdot A_4'}.$$

Zufolge der Gl. (147) kann man dafür schreiben:

$$y' = y \cdot \frac{A_1 \cdot A_2 \cdot A_3 \cdot A_4}{(A_1 + D_1)(A_2 + D_2)(A_3 + D_3)(A_4 + D_4)}$$

$\log A_1$	0,60206 −	$\log(A_1 + D_1)$	. 0,77815
$\log A_2$	0,81426.8	$\log(A_2 + D_2)$	. 0,17522 −
$\log A_3$	0,17222,3 − 1 −	$\log(A_3 + D_3)$	. 0,83370.2
$\log A_4$	0,79599.9 −	$\log(A_4 + D_4)$	. 0,57383.6
$\log A_1 A_2 A_3 A_4$	1,38455.0 −	$\log(A_1 + D_1)()()() =$	1,36090.8
$\log(A_1 + D_1)()()()$	1,36090.8		

$$\log \frac{A_1 \cdot A_2}{(A_1 + D_1)(A_2 + D_2)()()} \quad 0{,}02364.2 -$$

$\log y$ . . . . 0,39794 − 2

$\log y'$ 0,42158.2 − 2 −
y' = − 0,0264

Für die Bildgröße ergibt sich also 2,6 cm.

Kapitel VI.
Linsen und Linsensysteme.
§ 1. Die gebräuchlichsten Linsenformen.

Linsen sind durchsichtige Körper, die die Fähigkeit haben, auffallende Strahlenbündel mehr konvergent oder mehr divergent zu machen. Hier sollen nur sphärische Linsen, d. h. solche, deren Grenzflächen Stücke von Kugeloberflächen sind, berücksichtigt werden, weil sie am meisten zu optischen Zwecken benutzt

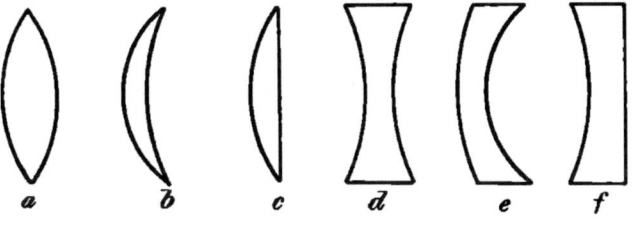

a   b   c   d   e   f

Fig. 46.

werden. Man unterscheidet zwei Hauptgruppen von Linsen: Sammellinsen und Zerstreuungslinsen. Die Sammellinsen machen parallele Lichtstrahlen konvergent; sie sind in der Mitte dicker als am Rande. Die Zerstreuungslinsen machen parallele Lichtstrahlen divergent; sie sind in der Mitte dünner als am Rande. Zu den Sammellinsen gehören — siehe Fig. 46 — Bikonvexlinsen (a), Konkavkonvexlinsen (b), Plankonvexlinsen (c). Zu den Zerstreuungslinsen gehören: Bikonkavlinsen (d), Konkavkonvexlinsen (e), Plankonkavlinsen (f).

§ 2. Brennpunkte, Brennweiten und Brechkraft einer Linse.

Wir denken uns eine von Luft umgebene Linse. Der Brechungsexponent ihrer Substanz sei n. Die Krümmungsradien ihrer beiden Flächen seien r_1 und r_2, und zwar wollen wir beide Radien mit positivem Vorzeichen annehmen, d. h. wir wollen annehmen, beide Flächen kehren dem einfallenden Lichte die konvexe Seite zu. Die Entfernung der beiden Flächenscheitel, die Dicke der Linse, sei d. Wenden wir die Gleichungen (145) auf unsere Linse an und bedenken, daß der Brechungsexponent der Luft gleich Eins ist, so erhalten wir:

$$\frac{n}{p_1'} - \frac{1}{p_1} = \frac{n-1}{r_1} \qquad (159)$$

$$p_1' - p_2 = d \qquad (160)$$

$$\frac{1}{p_1'} - \frac{n}{p_2'} = \frac{1-n}{r_2} \qquad (161)$$

Es soll zunächst der Ort des hinteren Brennpunktes berechnet werden. Zu diesem Zweck braucht man nur die letzte Schnittweite p_2' eines solchen Strahles im Bildraum zu berechnen, dessen konjugierter Strahl im Objektivraum parallel der optischen Achse verläuft, für den also $p_1 = -\infty$ ist. Aus Gl. (159) erhält man, wenn man $p_1 = -\infty$ setzt:

$$p_1' = \frac{n r_1}{n - 1} \qquad (162)$$

Wenn man diesen Wert in Gl. (160) einsetzt, ergibt sich:

$$p_2 = \frac{n r_1}{n - 1} - d \qquad (163)$$

§ 2. Brennpunkte, Brennweiten und Brechkraft einer Linse.

Setzt man endlich diesen Wert in Gl. (161) ein, so erhält man nach einigen Umformungen:

$$p_2' = \frac{r_2}{n-1} \cdot \frac{nr_1 - d(n-1)}{n(r_2 - r_1) + d(n-1)} \quad (164)$$

Um den Ort des vorderen Brennpunktes zu bestimmen, braucht man nur in Gl. (161) $p_2' = \infty$ zu setzen. Der zugehörige Wert von p_1 aus Gl. (159) gibt dann die Entfernung des vorderen Brennpunktes vom ersten Linsenscheitel an. Aus Gl. (161 folgt für $p_2' = \infty$:

$$p_2 = -\frac{nr_2}{1-n}. \quad (165)$$

Wenn man diesen Wert in Gl. (160) einsetzt, ergibt sich:

$$p_1' = d - \frac{nr_2}{1-n} \quad (166)$$

Setzt man endlich diesen Wert in Gl. (159) ein, so folgt nach einigen Umformungen:

$$p_1 = \frac{r_1}{n-1} \cdot \frac{nr_2 + d(n-1)}{n(r_1 - r_2) - d(n-1)} \quad (167)$$

Die vordere und hintere Brennweite der Linse verhalten sich zueinander wie die Brechungsexponenten des ersten und letzten Mediums. Da diese beiden Medien aber identisch sind — die Linse befindet sich in Luft —, so folgt, daß **eine von Luft umgebene Linse zwei gleiche Brennweiten hat.**

Für den Fall einer in Luft befindlichen Linse geht Gl. (146) über in:

$$f = \frac{p_1' p_2'}{p_2} \quad (168)$$

Setzen wir die Werte für p_1', p_2 p_2' aus den Gleichungen (162), (163), (164) ein, so erhalten wir:

$$f = \frac{n \cdot r_1 \cdot r_2}{(n-1)[n(r_2 - r_1) + d(n-1)]} \qquad (169)$$

Dieser Ausdruck für die Brennweite f ergibt sich positiv oder negativ, je nachdem eine Sammellinse oder eine Zerstreuungslinse vorliegt. Deshalb heißen die Sammellinsen auch „Positivlinsen", die Zerstreuungslinsen „Negativlinsen".

Das Gleichungssystem (159), (160), (161) kann man auch in der Form schreiben:

$$\left.\begin{array}{r} A_1' - A_1 = D_1 \\ \dfrac{1}{A_1'} - \dfrac{1}{A_2} = \delta \\ A_2' - A_2 = D_2 \end{array}\right\}, \qquad (170)$$

wo die Größen A_1, A_1', A_2, A_2' die reduzierten Konvergenzen, D_1, D_2 die Brechkräfte der beiden Flächen, δ die reduzierte Dicke bedeuten.

Für Gl. (170) kann man auch schreiben:

$$\frac{A_2}{1 + \delta A_2} - A_1 = D_1$$
$$A_2' - A_2 = D_2.$$

Für die Brechkraft D der Linse folgt aus Gl. (152):

$$D = D_1 + D_2 - \delta D_1 D_2.$$

§ 3. Die Bikonvexlinse von endlicher Dicke.

Als wichtigste Vertreterin der Sammellinsen wollen wir die Bikonvexlinse etwas genauer studieren. Nach der Abbeschen Zählweise ist der vordere Radius positiv, der hintere negativ. Hat man die Brennpunkte

§ 3. Die Bikonvexlinse von endlicher Dicke. 123

und die Brennweite in der oben angegebenen Weise berechnet, so erhält man den vorderen Hauptpunkt, indem man die Brennweite vom vorderen Brennpunkte nach rechts, den hinteren Hauptpunkt, indem man die Brennweite vom hinteren Brennpunkte nach links abträgt. Da die beiden Brennweiten der Linse gleich sind, so folgt, daß der vordere Knotenpunkt mit dem vorderen Brennpunkte, der hintere Knotenpunkt mit dem hinteren Brennpunkte zusammenfällt. Die Hauptebenen, d. s. die in den

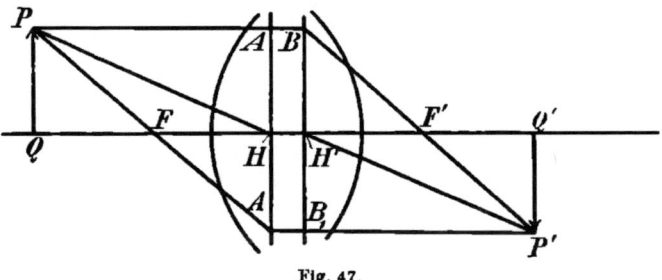

Fig. 47.

Hauptpunkten errichteten achsensenkrechten Ebenen, können dazu dienen, zu einem kleinen, achsensenkrechten Objekte das Bild zu konstruieren. In Fig. 47 sei eine Bikonvexlinse dargestellt. F und F' seien die Brennpunkte, H und H' die Hauptpunkte mit den in ihnen konstruierten Hauptebenen. $PQ = y$ sei ein Objekt, dessen Bild wir konstruieren wollen. Wir ziehen durch P einen Strahl parallel der optischen Achse, der die beiden Hauptebenen in A und B schneidet, so daß $HA = H'B$ ist. Da der gebrochene Strahl durch den hinteren Brennpunkt geht, so ist BF' der zu PA konjugierte Strahl. Ein zweiter von

P ausgehender Strahl geht durch F und schneidet die vordere Hauptebene in A'. Der konjugierte Strahl im Bildraum verläuft parallel zur optischen Achse, so daß $HA' = H'B'$ ist. Die beiden gebrochenen Strahlen schneiden sich in P', dem Bilde von P. Das von P' auf die optische Achse gefällte Lot P'Q' ist das Bild von PQ.

An Stelle des zweiten Strahles PF hätte man zur Bildkonstruktion auch den Strahl PH verwenden können. Der konjugierte Strahl im Bildraum geht dann durch H' und ist parallel zu PH, da die beiden Punkte H und H' auch als Knotenpunkte aufgefaßt werden können.

Führt man diese Konstruktion für verschiedene Lagen des Objektes durch, so ergibt sich folgendes: „Die Bikonvexlinse liefert reelle, umgekehrte Bilder, solange das Objekt außerhalb der Brennweite liegt, sie liefert virtuelle, aufrechte Bilder, wenn das Objekt innerhalb der Brennweite liegt. Befindet sich das Objekt im vorderen Fokus, so liegt das unendlich große Bild im Unendlichen."

§ 4. Die Bikonkavlinse von endlicher Dicke.

Bei der Bikonkavlinse ist der vordere Radius negativ, der hintere positiv in Rechnung zu ziehen. Berechnet man die Lage der beiden Brennpunkte in der oben angegebenen Weise, so folgt, daß der vordere Brennpunkt F — Fig. 48 — hinter der Linse, der hintere Brennpunkt F' vor der Linse liegt. Die Brennweite f ergibt sich mit negativem Vorzeichen. Um den vorderen Hauptpunkt H zu erhalten, trage

§ 4. Die Bikonkavlinse von endlicher Dicke. 125

man die Brennweite vom vorderen Brennpunkte F nach links ab. Den hinteren Hauptpunkt H' erhält man, indem man die Brennweite vom hinteren Brennpunkte F' nach rechts abträgt. Auch hier sind die Hauptpunkte mit den Knotenpunkten identisch. Um zu dem kleinen, achsensenkrechten Objekt PQ das Bild zu konstruieren, ziehe man zunächst durch P einen zur optischen Achse parallelen Strahl, der die beiden Hauptebenen in A und B schneidet, so daß

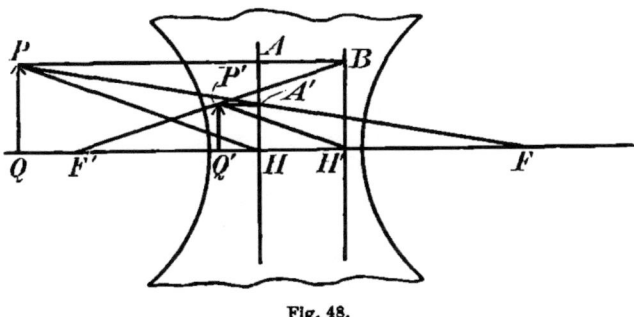

Fig. 48.

HA = H'B ist. Der konjugierte Strahl im Bildraum verläuft so, daß seine rückwärtige Verlängerung durch den hinteren Fokus geht. Demnach ist also BF' die rückwärtige Verlängerung des gebrochenen Strahles. Ein zweiter von P ausgehender Strahl verläuft in der Richtung PF. Er schneidet die vordere Hauptebene in A'. Im Bildraum verläuft der konjugierte Strahl parallel zur optischen Achse. Seine rückwärtige Verlängerung schneidet die Gerade BF' in P', dem Bildpunkte von P. Das von P' auf die optische Achse gefällte Lot P'Q' ist das Bild zu PQ.

An Stelle des zweiten Strahles PF kann man auch den Strahl PH benutzen. Der konjugierte Strahl im Bildraum geht durch H' und ist parallel zu PH.

Führt man diese Konstruktion für verschiedene Lagen des Objektes aus, so ergibt sich, daß für **jede endliche Objektweite das Bild virtuell, aufrecht und innerhalb der Brennweite gelegen ist. Liegt dagegen das Objekt vor der Linse im Unendlichen, so liegt das konjugierte Bild im hinteren Fokus F'.**

§ 5. Rechnerische Bestimmung der Haupt- und Brennpunkte einer Linse von endlicher Dicke.

Um die Haupt- und Brennpunkte einer dicken Linse zu bestimmen, kann man folgendermaßen verfahren: Man wendet das Gleichungssystem (147) auf den Fall zweier Flächen an, setzt erst $A_1 = 0$ und dann $A_2' = 0$ und berechnet jedesmal den zugehörigen Wert von A_2' bzw. A_1, durch welche Größen der Ort der beiden Brennpunkte bestimmt ist. Mit Hilfe der Gl. (152) bestimmt man die Brechkraft und damit die Brennweite der Linse. Trägt man die Brennweite vom vorderen Brennpunkte nach rechts, vom hinteren Brennpunkte nach links ab, so erhält man die beiden Hauptpunkte.

Da dieses Verfahren etwas umständlich ist, wollen wir eine andere Methode zur Bestimmung der Haupt- und Brennpunkte angeben.

In Fig. 49 sei eine dicke Linse dargestellt. Die Linsenscheitel seien S_1 und S_2, die Brennpunkte F und F', die Brennweiten f und f', die Hauptpunkte H und H', Dann ist

$$FH = f, \qquad F'H' = f'.$$

5. Rechnerische Bestimmung d. Haupt- u. Brennpunkte usw. 127

D_1 und D_2 seien die Brechkräfte der beiden Flächen, δ die reduzierte Dicke. Dann ist bekanntlich die Brechkraft der Linse:

$$D = D_1 + D_2 - \delta D_1 \cdot D_2.$$

Da wir die Linse in Luft befindlich annehmen, so ist:

$$f = f'.$$

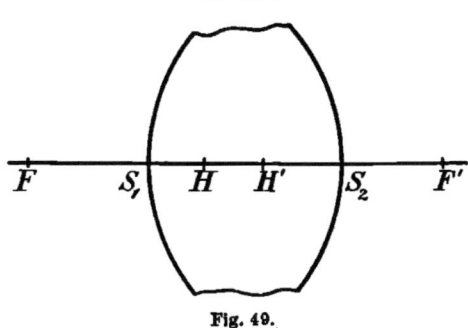

Fig. 49.

Es sollen die Entfernungen der Hauptpunkte von den Linsenscheiteln berechnet werden, d. h. also, es sollen die Größen

$$H'S_2 \quad \text{und} \quad HS_1$$

berechnet werden. Aus der Figur folgt:

$$\left.\begin{array}{l} h' = H'S_2 = H'F' - S_2F' = f - S_2F' \\ h = HS_1 = HF - S_1F = f - S_1F \end{array}\right\} \quad (171)$$

Wendet man das Gleichungssystem (147) auf eine dicke Linse an, so wird:

$$\frac{A_2}{\delta A_2 + 1} - A_1 = D_1, \qquad (172)$$

$$A_2' - A_2 = D_2 \qquad (173)$$

Kap. VI. Linsen und Linsensysteme.

Setzt man $A_1 = 0$, so folgt aus Gl. (172):
$$A_2 = \frac{D_1}{1 - \delta D_1}.$$

Gl. (173) liefert dann:
$$A_2' = \frac{D_1 + D_2 - \delta D_1 D_2}{1 - \delta D_1}.$$

Der Zähler des Bruches ist aber nichts anderes als die Brechkraft D der Linse, so daß man hat:
$$A_2' = \frac{D}{1 - \delta D_1}.$$

Der reziproke Wert dieser reduzierten Konvergenz A_2' ist aber $S_2 F'$, so daß man hat:
$$S_2 F' = \frac{1 - \delta D_1}{D}.$$

Demnach ergibt Gl. (171):
$$h' = \frac{1}{D} - \frac{1 - \delta D_1}{D} = \frac{\delta D_1}{D} \qquad (174)$$

Setzt man in Gl. (173) $A_2' = 0$, so folgt
$$A_2 = -D_2.$$

Wenn man diesen Wert in Gl. (172) einsetzt, so erhält man:
$$-A_1 = \frac{D_1 + D_2 - \delta D_1 D_2}{1 - \delta D_2} = \frac{D}{1 - \delta D_2}$$

Der reziproke Wert der negativen reduzierten Konvergenz $-A_1$ ist $S_1 F$, so daß aus Gl. (171) folgt:
$$h = \frac{1}{D} - \frac{1 - \delta D_2}{D} = \frac{\delta D_2}{D} \qquad (175)$$

§ 6. Die unendlich dünne in Luft befindliche Linse.

Aus den Gl. (174) und (175) folgt:
$$\frac{h'}{h} = \frac{D_1}{D_2} \qquad (176)$$
d. h. die Scheitelabstände der beiden Hauptpunkte verhalten sich umgekehrt wie die zugehörigen brechenden Kräfte.

Sind so die Hauptpunkte ihrer Lage nach bestimmt, so braucht man nur noch die Brennweite aus der Gleichung
$$f = \frac{1}{D}$$
zu berechnen und von den Hauptpunkten aus abzutragen, um die Brennpunkte zu erhalten.

§ 6. Die unendlich dünne in Luft befindliche Linse.

Ungleich wichtiger als die bisher betrachteten Linsen von endlicher Dicke sind die sog. **unendlich dünnen Linsen**. Bei diesen ist die Dicke im Verhältnis zu den Krümmungsradien so gering, daß sie gleich Null gesetzt werden kann. Die beiden Linsenscheitel fallen dann mit dem Linsenmittelpunkt zusammen. Wir wollen das Gleichungssystem (159), (160), (161), das für eine Linse mit Dicke galt, für eine unendlich dünne Linse umformen.

Die beiden Radien seien r_1 und r_2, der Brechungsexponent n. Es ist dann:

$$\frac{n}{p_1'} - \frac{1}{p_1} = \frac{n-1}{r_1}, \qquad (177)$$

$$p_1' - p_2 = 0, \qquad (178)$$

$$\frac{1}{p_2'} - \frac{n}{p_2} = \frac{1-n}{r_2} \qquad (179)$$

Aus der Gl. (178) folgt:
$$p_1' = p_2 \qquad (180)$$
Wenn man diesen Wert für p_1' in Gl. (177) einsetzt, so ergibt sich:
$$\frac{n}{p_2} - \frac{1}{p_1} = \frac{n-1}{r_1} \qquad (181)$$
Durch Addition der Gl. (179) und (181) erhält man:
$$\frac{1}{p_2'} - \frac{1}{p_1} = \frac{1-n}{r_2} + \frac{n-1}{r_1}$$
oder
$$\frac{1}{p_2'} - \frac{1}{p_1} = (n-1)\left(\frac{1}{r_1} - \frac{1}{r_2}\right) \qquad (182)$$
Da nur zwei Schnittweiten in der Gl. (182) auftreten, können die Indizes fortgelassen werden, so daß man hat:
$$\frac{1}{p'} - \frac{1}{p} = (n-1)\left(\frac{1}{r_1} - \frac{1}{r_2}\right), \qquad (183)$$
worin p die Entfernung des Objektpunktes von der Linse, p' die des Bildpunktes von der Linse bedeutet.

Es sei noch hervorgehoben, daß beide Flächen dem einfallenden Licht ihre konkave Seite zukehren. Die Vorzeichen der Radien müssen also ev. geändert werden.

Um den Ort des vorderen Brennpunktes zu berechnen, müssen wir in Gl. (183) $p' = \infty$ setzen. Dann wird:
$$p = -\frac{1}{(n-1)\left(\dfrac{1}{r_1} - \dfrac{1}{r_2}\right)}.$$
Ebenso erhalten wir den Ort des hinteren Brennpunktes, wenn wir in Gl. (183) $p = -\infty$ setzen. Es wird:

§ 6. Die unendlich dünne in Luft befindliche Linse.

$$p' = \frac{1}{(n-1)\left(\dfrac{1}{r_1} - \dfrac{1}{r_2}\right)}.$$

Die beiden Brennpunkte einer unendlich dünnen Linse sind also von der Linse gleich weit entfernt.

Um die Brennweite f der Linse zu berechnen, benutzen wir die Gleichung

$$f = \frac{p_1' p_2'}{p_2} \qquad (184)$$

Da nach Gl. (180):

$$p_1' = p_2 \qquad (185)$$

ist, so folgt aus Gl. (184):

$$f = p_2' = p',$$

d. h. für eine unendlich dünne Linse ist

$$f = \frac{1}{(n-1)\left(\dfrac{1}{r_1} - \dfrac{1}{r_2}\right)}$$

oder

$$\frac{1}{f} = (n-1)\left(\frac{1}{r_1} - \frac{1}{r_2}\right) \qquad (186)$$

Daraus folgt, daß bei einer unendlich dünnen Linse die beiden Hauptpunkte — und auch die beiden Knotenpunkte — mit den Linsenscheiteln zusammenfallen.

Aus den Gl. (182) und (186) folgt die wichtige Beziehung:

$$\frac{1}{p'} - \frac{1}{p} = \frac{1}{f} \qquad (187)$$

132   Kap. VI. Linsen und Linsensysteme.

Aus der Gl. (186) folgt, daß, wenn man die Radien einer Linse ver-n-facht, die Brennweite ebenfalls den n-fachen Wert annimmt.

Wendet man auf Gl. (187) die Dioptrie- und Konvergenzrechnung an, setzt also:
$$\frac{1}{p'} = A', \quad \frac{1}{p} = A, \quad \frac{1}{f} = D,$$
so wird:
$$A' - A = D \qquad (188)$$
wo zufolge Gl. (186) ist:
$$D = (n-1)\left(\frac{1}{r_1} - \frac{1}{r_2}\right).$$

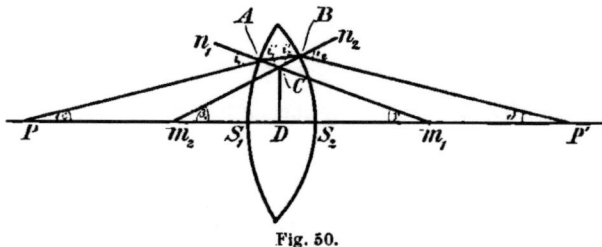

Fig. 50.

Infolge der Wichtigkeit der Gl. (183) soll sie noch nach einer anderen Methode entwickelt werden. In Fig. 50 sei eine bikonvexe Linse dargestellt. Die beiden Scheitel seien S_1 und S_2, die zugehörigen Krümmungsmittelpunkte M_1 und M_2, die Krümmungsradien r_1 und r_2. Der Brechungsexponent der Linsensubstanz sei n. P sei ein Objektpunkt, P' der durch die Linse erzeugte konjugierte Bildpunkt. Das Einfallslot für den einfallenden Strahl PA ist $N_1 A M_1$, das für den gebrochenen Strahl BP' ist $N_2 B M_2$. Von dem Schnittpunkt C der beiden Einfallslote ist das Lot CD auf die optische Achse gefällt. Wir setzen:

$\sphericalangle APD = \alpha$, $\sphericalangle BM_2 D = \beta$, $AM_1 D = \gamma$, $\sphericalangle BP'D = \delta$,
$\sphericalangle N_1 AP = i_1$, $\sphericalangle CAB = i_1'$, $\sphericalangle N_2 BP' = i_2$, $\sphericalangle CBA = i_2'$.

§ 6. Die unendlich dünne in Luft befindliche Linse.

Da eine unendlich dünne Linse vorausgesetzt sein soll, so fallen die drei Punkte S_1, S_2 und D einerseits, die drei Punkte A, B und C andrerseits zusammen. Aus der Figur folgt unter Voraussetzung von Paraxialstrahlen:

$$\operatorname{tg}\alpha = \alpha = \frac{CD}{PD}, \qquad \operatorname{tg}\beta = \beta = \frac{CD}{r_2} \qquad \operatorname{tg}\gamma = \gamma = \frac{CD}{r_1},$$
$$\operatorname{tg}\delta = \delta = \frac{CD}{P'D}.$$

Ferner folgt aus der Figur:

$$i_1' + i_2' = \beta + \gamma, \qquad (189)$$
$$i_1 = \alpha + \gamma, \qquad (190)$$
$$i_2 = \beta + \delta. \qquad (191)$$

Aus den Gl. (190) und (191) folgt:

$$\alpha + \gamma + \beta + \delta = i_1 + i_2$$

oder mit Berücksichtigung der Gl. (189):

$$\alpha + \delta = i_1 + i_2 - (i_1' + i_2') . \quad . \quad . \quad (192)$$

Nach dem Brechungsgesetz von Snellius ist für Paraxialstrahlen:

$$i_1 = n i_1',$$
$$i_2 = n i_2'.$$

Also geht Gl. (192) über in:

$$\alpha + \delta = n i_1' + n i_2' - (i_1' + i_2') = (n-1)(i_1' + i_2')$$

oder, wenn man Gl. (189) benutzt:

$$\alpha + \delta = (n-1)(\beta + \gamma).$$

Setzt man die oben für die vier Winkel erhaltenen Ausdrücke ein, so ergibt sich:

$$\frac{CD}{PD} + \frac{CD}{P'D} = (n-1)\left(\frac{CD}{r_2} + \frac{CD}{r_1}\right).$$

Dividiert man die Gleichung durch CD, führt man nach der oben festgesetzten Schreibweise für PD die Größe $-p$, für P'D die Größe p' ein, und bedenkt man schließlich, daß, da die zweite Fläche dem ankommenden Lichte die konkave Seite zuwendet, der Radius der zweiten brechenden Fläche mit negativem Vorzeichen zu schreiben ist, so geht obige Gleichung über in:

$$\frac{1}{p'} - \frac{1}{p} = (n-1)\left(\frac{1}{r_1} - \frac{1}{r_2}\right).$$

Kap. VI. Linsen und Linsensysteme.

§ 7. Die unendlich dünne Sammellinse.

Wir wählen zur genaueren Untersuchung eine Sammellinse mit der Brennweite $f = 1$. Dann ist:

$$\frac{1}{p'} - \frac{1}{p} = 1,$$

woraus sich ergibt:

$$p' = \frac{p}{1+p} \qquad (193)$$

Zu jeder Objektweite p gehört eine ganz bestimmte Bildweite p', die sich aus Gl. (193) berechnen läßt. Solange der Objektpunkt vor der Linse liegt, müssen wir zufolge der Abbeschen Zählweise die Objektweite p

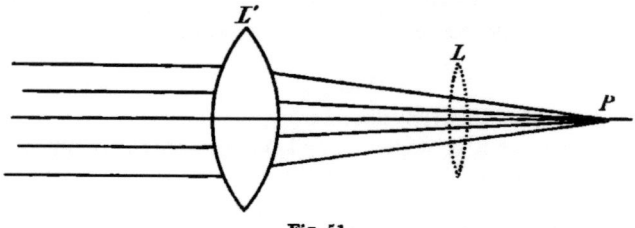

Fig. 51.

mit negativem Vorzeichen in Rechnung ziehen. Es läßt sich aber auch der Fall realisieren, daß der Objektpunkt hinter der Linse liegt, z. B. an der Stelle P in Fig. 51, was dadurch erreicht werden kann, daß P das durch eine unserer unendlich dünnen Linse L vorgelagerte zweite Sammellinse L' erzeugte Bild ist. Obgleich das Bild P in Wirklichkeit gar nicht zustande kommt — denn die von L' kommenden nach P konvergierenden Strahlen werden von L abgelenkt —, muß man doch P als Objekt in bezug auf die Linse L

§ 7. Die unendlich dünne Sammellinse.

annehmen. Die Objektweite p kann also nicht nur negative, sondern auch positive Werte annehmen. In der Gl. (193) lassen wir p das Intervall von $-\infty$ bis $+\infty$ durchlaufen und berechnen zu jedem Wert von p den zugehörigen Wert von p'. In Tabelle III sind die Objektweiten p und die konjugierten Bildweiten p' angegeben.

Tabelle III.

Objektweite p	Bildweite p'	Objektweite p	Bildweite p'
$-\infty$	$+1$	$-0,5$	-1
-100	$+1,01$	$-0,2$	$-0,25$
-20	$+1,05$	0	0
-10	$+1,11$	$+1$	$+0,5$
-7	$+1,17$	$+2$	$+0,67$
-6	$+1,20$	$+3$	$+0,75$
-5	$+1,25$	$+4$	$+0,80$
-4	$+1,33$	$+5$	$+0,83$
-3	$+1,50$	$+6$	$+0,86$
2	$+2,00$	$+7$	$+0,88$
$-1,5$	$+3,00$	$+10$	$+0,91$
-1	∞	$+20$	$+0,95$
$-0,8$	-4	$+100$	$+0,99$
$-0,6$	$-1,5$	∞	$+1$

In Fig. 52 ist die Kurve verzeichnet, die man erhält, wenn man die Objektweite p auf der Abszissenachse, die Bildweite p' auf der Ordinatenachse abträgt.

Diskussion der Kurve: Liegt der Objektpunkt P links von der Linse im Unendlichen, so liegt der Bildpunkt P' im hinteren Brennpunkte. Nähert sich P der Linse, so entfernt sich P' nach rechts ausweichend. Liegt P im vorderen Brennpunkte, so liegt P' rechts im Unendlichen. Nähert sich P der Linse noch mehr, d. h. tritt der Objektpunkt in die Brennweite, so erscheint das Bild P' links von der Linse und nähert sich mit kleiner werdender Objektweite der Linse. Im Linsenscheitel fallen Objekt und Bild zusammen, d. h. der Objektweite 0 entspricht die Bildweite 0. Liegt der Objektpunkt P hinter der Linse, so liegt auch der Bildpunkt P' hinter der Linse, und zwar stets zwischen Linse und Objektpunkt. Entfernt sich P von der Linse, so entfernt sich auch P' von ihr und nähert sich dem hinteren Brennpunkte. Liegt P rechts im Unendlichen, so liegt P' im hinteren Fokus.

Es soll zu einem kleinen, achsensenkrechten Objekt $PQ = y$ das mittels einer unendlich dünnen Sammellinse erzeugte Bild konstruiert werden. Die Sammellinse sei in

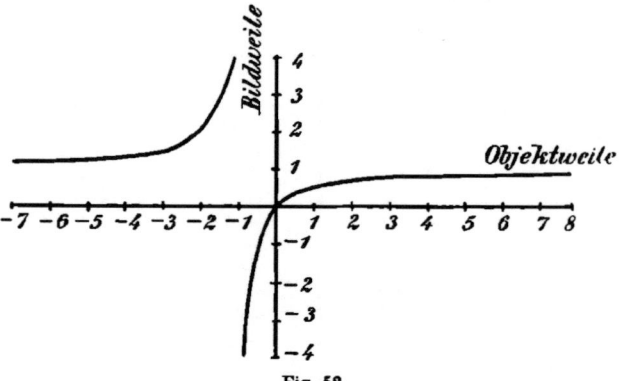

Fig. 52.

Fig. 53 durch eine zur optischen Achse senkrechte Gerade in L schematisch dargestellt. Diese Gerade repräsentiert gleichzeitig die beiden Hauptebenen der Linse. F und F' sind die beiden Brennpunkte. Zur Bildkonstruktion ziehen wir durch P einen achsenparallelen Strahl PA. Der konjugierte Strahl im Bildraum ist AF'. Der von P aus durch F gehende Strahl trifft die Hauptebene in B. Der konjugierte Strahl im Bildraum ist der durch B zur optischen Achse parallele Strahl. Die beiden gebrochenen Strahlen schneiden sich in P', dem Bilde von P. Das Lot $P'Q' = y'$ auf die optische Achse ist das Bild von PQ.

An Stelle des zweiten Strahles PF hätten wir auch den Strahl PL zur Bildkonstruktion benutzen können. Da in

§ 7. Die unendlich dünne Sammellinse.

L die beiden Knotenpunkte liegen, so ist der zu PL konjugierte Strahl die Verlängerung von PL.

Um über die Größe des Bildes Aufschluß zu gewinnen, benutzen wir die Gl. (111). Wendet man diese Gleichung auf zwei brechende Flächen an, führt man außerdem die neue Bezeichnungsweise ein, und bedenkt man schließlich, daß das erste Medium mit dem letzten identisch ist, so erhält man, abgesehen vom Vorzeichen:

$$\beta = \frac{y'}{y} = \frac{p_1' p_2'}{p_1 p_2}.$$

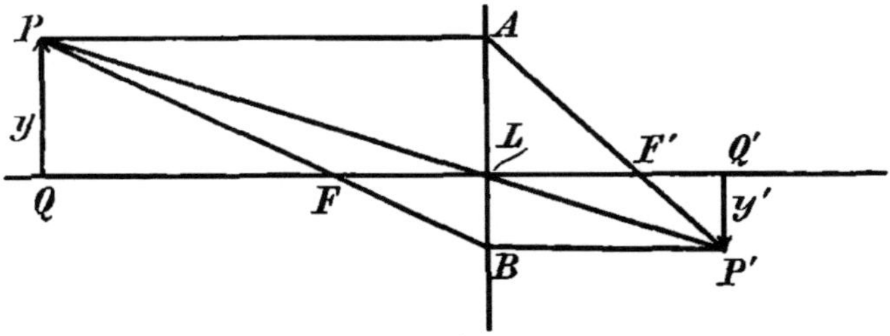

Fig. 53.

Für eine unendlich dünne Linse ist nach Gl. (184) $p_1' = p_2$. Setzt man endlich für $p_1 : p$ und für $p_2' : p'$, so erhält man:

$$\beta = \frac{y'}{y} = \frac{p'}{p}, \qquad (194)$$

d. h. die Bildgröße verhält sich zur Objektgröße wie die Bildweite zur Objektweite.

Gl. (194) kann man auch in der Form schreiben:

$$\beta = \frac{A}{A'}.$$

Führt man die in Fig. 53 angegebene Bildkonstruktion für verschiedene Lagen des Objektes durch, so kommt man zu folgendem Resultat: „Liegt das Objekt vor der Linse, außerhalb der Brennweite, so ist das Bild reell, umgekehrt, vergrößert oder verkleinert. Liegt das Objekt im vorderen Brennpunkte, so liegt das unendlich große Bild im Unendlichen.

Kap. VI. Linsen und Linsensysteme.

Liegt das Objekt vor der Linse, innerhalb der Brennweite, so ist das Bild virtuell, aufrecht und vergrößert. Liegt das Bild hinter der Linse, so ist das Bild reell, aufrecht und verkleinert."

§ 8. Die unendlich dünne Zerstreuungslinse.

Wir wählen als Beispiel eine Linse von der Brennweite $f = -1$. Dann ist:

$$\frac{1}{p'} - \frac{1}{p} = -1$$

oder

$$p' = \frac{p}{1-p} \qquad (195)$$

Zu jeder Objektweite p berechnet sich die konjugierte Bildweite p' aus der Gl. (195). Dabei kann wieder p negative und positive Werte annehmen. In Tabelle IV sind die Objektweiten und die konjugierten Bildweiten angegeben, wenn die Objektweite p das Intervall von $-\infty$ bis $+\infty$ durchläuft.

Tabelle IV.

Objektweite p	Bildweite p'	Objektweite p	Bildweite p'
$-\infty$	-1	$+0,8$	$+4$
-100	$-0,99$	$+1$	∞
-20	$-0,95$	$+2$	-2
-10	$-0,91$	$+3$	$-1,5$
-7	$-0,88$	$+4$	$-1,33$
-6	$-0,86$	$+5$	$-1,25$
-5	$-0,83$	$+6$	$-1,20$
-4	$-0,80$	$+7$	$-1,17$
-3	$-0,75$	$+10$	$-1,11$
-2	$-0,67$	$+20$	$-1,05$
-1	$-0,5$	$+100$	$-1,01$
0	0	∞	-1
$+0,2$	$+0,25$	—	—
$+0,5$	$+1$	—	—

§ 8. Die unendlich dünne Zerstreuungslinse. 139

In Fig. 54 ist die Kurve verzeichnet, die man erhält, wenn man die Objektweite p auf der Abszissenachse, die Bildweite p' auf der Ordinatenachse abträgt.

Diskussion der Kurve: Liegt der Objektpunkt P links von der Linse im Unendlichen, so liegt der Bildpunkt P' im hinteren Brennpunkt, d. h. eine Einheit vor der Linse. Nähert sich P der Linse, so rückt P' in derselben Richtung vor, stets zwischen Objektpunkt und Linse bleibend. Im Scheitel der Linse fallen P und P' zusammen, d. h. der Objektweite Null entspricht die Bildweite Null. Rückt das

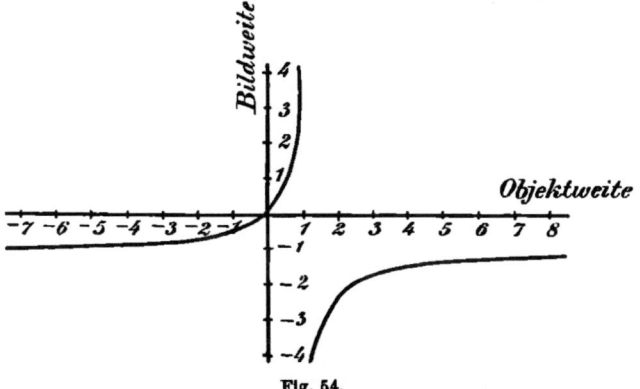

Fig. 54.

Objekt auf die rechte Seite der Linse, so liegt auch das Bild hinter der Linse und weicht rechts nach dem Unendlichen aus, wenn sich das Objekt dem vorderen Brennpunkt nähert. Überschreitet P den vorderen Brennpunkt, so erscheint P' links im Unendlichen und nähert sich der Linse, wenn sich P nach rechts von ihr entfernt. Einem hinter der Linse im Unendlichen liegenden Objektpunkt entspricht ein im hinteren Brennpunkt liegender Bildpunkt.

Es soll zu einem kleinen, achsensenkrechten Objekt $PQ = y$ das mittels einer unendlich dünnen Zerstreuungslinse erzeugte Bild konstruiert werden. Die Zerstreuungslinse in Fig. 55 ist wieder durch die achsensenkrechte Gerade

Kap. VI. Linsen und Linsensysteme.

in L dargestellt. Haupt- und Knotenpunkte sind mit dem Punkt L identisch. F und F' sind die beiden Brennpunkte. Um das Bild des Objektes PQ = y zu konstruieren, ziehe man durch P den zur optischen Achse parallelen Strahl PA. Der konjugierte Strahl verläuft so, daß seine rückwärtige Verlängerung durch F' geht. Ein zweiter von P ausgehender Strahl ist nach F gerichtet und erzeugt den Schnittpunkt B. Der konjugierte Strahl geht von B aus parallel zur optischen Achse. Seine rückwärtige Verlängerung erzeugt mit AF' den Punkt P'. Er ist das Bild des Punktes P. Fällt man von P' auf die optische Achse das Lot P'Q' = y', so ist dies das zu PQ = y konjugierte Bild.

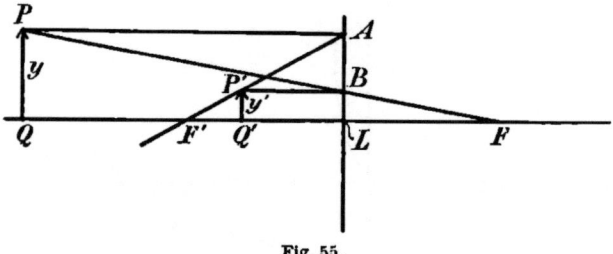

Fig. 55.

Was die Größe des Bildes anbelangt, so verhält sich auch hier die **Bildgröße zur Objektgröße wie die Bildweite zur Objektweite.**

Führt man die in Fig. 55 angegebene Bildkonstruktion für verschiedene Lagen des Objektes aus, so ergibt sich folgendes: „**Liegt das Objekt vor der Linse, so ist das Bild stets virtuell, aufrecht und verkleinert. Liegt das Objekt hinter der Linse, innerhalb der Brennweite, so ist das Bild reell, aufrecht und vergrößert. Liegt das Objekt im vorderen Brennpunkt, so liegt das unendlich große Bild im Unendlichen. Liegt das Objekt hinter der Linse außerhalb der Brennweite, so ist das Bild virtuell, umgekehrt, vergrößert oder verkleinert, je nachdem die Bildweite größer oder kleiner als die Objektweite ist.**"

§ 9. Kombination aus zwei dünnen Linsen.

Die wenigsten optischen Instrumente bestehen aus einer einzigen Linse; meistens kommen Kombinationen aus zwei und mehreren Linsen zur Anwendung. Hier sollen nur solche Kombinationen behandelt werden, die aus zwei unendlich dünnen, in Luft befindlichen Linsen bestehen. Die Brechkräfte der beiden Linsen seien D_1 und D_2, ihre Entfernung d. Die Brechkraft der Kombination sei D. Da bei einer dünnen Linse die beiden Hauptpunkte in den Linsenscheitel fallen, so ist, wenn man die Voraussetzung beachtet, daß sich die Linsen in Luft befinden, nach Gl. (152):
$$D = D_1 + D_2 - d \cdot D_1 \cdot D_2 \qquad (196)$$
Ist der Abstand d der Linsen gleich Null, d. h. sind die Linsen in Kontakt, so folgt aus Gl. (196):
$$D = D_1 + D_2, \qquad (197)$$
d. h. die Brechkraft der Kombination ist gleich der Summe der Brechkräfte der Einzellinsen. Gl. (197) kann man auch in der Form schreiben:
$$\frac{1}{f} = \frac{1}{f_1} + \frac{1}{f_2}, \qquad (198)$$
wo f bzw. f_1 bzw. f_2 die Brennweiten der Kombination, bzw. der ersten bzw. der zweiten Linse sind. Gl. (198) besagt: **Der reziproke Wert der Gesamtbrennweite ist gleich der Summe der reziproken Werte der Einzellinsen.**

Übungen zu Kapitel VI.

1. Eine Bikonkavlinse habe die beiden Radien $r_1 = -9$ cm, $r_2 = 11$ cm. Ihr Brechungsexponent sei $n = 1{,}5$, ihre Dicke $d = 2{,}5$ cm. Berechne die Brechkraft der einzelnen Flächen, die Brechkraft der Linse, die Brennweite der Linse, den Ort der beiden Hauptpunkte, den Ort der beiden Brennpunkte.

Die Brechkraft D_1 der ersten Fläche ist:
$$D_1 = \frac{1{,}5-1}{-0{,}09} = -5{,}56 \text{ Dioptr.},$$
die der zweiten:
$$D_2 = \frac{1-1{,}5}{0{,}11} = -4{,}55 \text{ Dioptr.}$$
Dann ist die Brechkraft der Linse:
$$D = -5{,}56 - 4{,}55 - 0{,}0167 \cdot 5{,}56 \cdot 4{,}55,$$
$$D = -10{,}53 \text{ Dioptr.}$$
Die Brennweite der Linse wird:
$$f = -\frac{1}{10{,}53} = -0{,}095 \text{ m.}$$

Die Entfernung h des vorderen Hauptpunktes H von der ersten Linsenfläche wird zufolge Gl. (175):
$$h = \frac{0{,}0167 \cdot 4{,}55}{10{,}53} = 7{,}2 \text{ mm.}$$

Die Entfernung h' des hinteren Hauptpunktes H' vom Scheitel der hinteren Fläche wird zufolge Gl. (176):
$$h' = \frac{0{,}0072 \cdot 5{,}56}{4{,}55} = 8{,}8 \text{ mm.}$$

Um den Ort des vorderen Brennpunktes F zu finden, muß man die Brennweite vom vorderen Hauptpunkt H abtragen, und zwar nach rechts, da die Brennweite negativ ist. Der vordere Brennpunkt liegt also 7,7 cm hinter dem hinteren Linsenscheitel. Den Ort des hinteren Brennpunktes F' findet man, indem man die Brennweite vom hinteren Hauptpunkt H' nach links abträgt; er liegt 7,9 cm vor dem ersten Linsenscheitel.

2. Eine Konkavkonvexlinse habe zwei gleiche Radien, den Brechungsexponenten n und die Dicke d. Wie groß ist die Brennweite f?

Die Brennweite berechnet sich nach Gl. (169). Da
$$r_2 = r_1$$
ist, so wird:
$$f = \frac{n \cdot r_1^2}{d(n-1)^2} \tag{199}$$

Solche Linsen, die durch die Beziehung
$$r_1 = r_2$$
definiert sind, nennt man **Linsen mit Nullkrümmung.** Ist $d = 0$, so liefert Gl. (199) $f = \infty$, d. h. **eine unendlich dünne Linse mit Nullkrümmung wirkt wie eine planparallele Platte.**

3. Eine gleichseitige dünne Bikonkavlinse habe die Brennweite $f = -1$ m und den Brechungsexponenten $n = 1,5$. Wie groß sind die Radien?

Da die Linse gleichseitig ist, so sind beide Radien ihrem absoluten Betrage nach gleich. Da es sich ferner um eine Bikonkavlinse handelt, so ist der erste Radius negativ, der zweite positiv. Setzt man:
$$r_1 = -r, \quad r_2 = r,$$
so wird:
$$0,5 \left(-\frac{1}{r} - \frac{1}{r} \right) = -1,$$
d. h.
$$r = 1 \text{ m}.$$

4. Gegeben eine dünne Sammellinse mit dem Radius $r_1 = 7,5$ cm, $r_2 = -9$ cm, dem Brechungsexponenten $n = 1,5$ und eine dünne Zerstreuungslinse mit den Radien $r_1 = -10$ cm, $r_2 = 12$ cm, dem Brechungsexponenten $n = 1,6$. Welches sind die Brechkräfte der beiden Einzellinsen? Welches ist die Brechkraft der Kombination, wenn a) die beiden Linsen 15 cm voneinander entfernt sind, b) die Linsen in Kontakt sind?

Die Brechkraft der Sammellinse wird nach Gl. (188):
$$D_1 = 0,5 \left(\frac{1}{0,075} + \frac{1}{0,09} \right) = 12,22 \text{ Dioptr.}$$

Die Brechkraft der Zerstreuungslinse wird:
$$D_2 = 0,6 \left(-\frac{1}{0,1} - \frac{1}{0,12} \right) = -11 \text{ Dioptr.}$$

Sind die beiden Linsen 15 cm voneinander entfernt, so berechnet sich die Brechkraft der Kombination nach Gl. (196) zu:
$$D = 12,22 - 11 + 0,15 \cdot 12,22 \cdot 11 = 21,39 \text{ Dioptr.}$$

Sind die Linsen in Kontakt, so ist die Brechkraft der Kombination nach Gl. (197):

$$D = 12{,}22 - 11 = 1{,}22 \text{ Dioptr.}$$

5. Eine Kombination aus einer dünnen Zerstreuungslinse und einer dünnen Sammellinse habe eine Gesamtbrennweite von $f = 30$ cm. Die Brennweite der Sammellinse sei $f_1 = 20$ cm. Wie groß ist die Brennweite der Zerstreuungslinse, wenn der Abstand der Linsen $d = 10$ cm ist?

Ist D_1 bzw. D_2 bzw. D die Brechkraft der Sammellinse, bzw. der Zerstreuungslinse, bzw. der Kombination, so ist

$$D = D_1 + D_2 - d\, D_1 D_2,$$

woraus folgt:

$$D_2 = \frac{D - D_1}{1 - d\, D_1} \qquad (200)$$

Da $D = \dfrac{1}{f} = \dfrac{1}{0{,}3} = 3{,}33$ Dioptr. und $D_1 = \dfrac{1}{f_1} = \dfrac{1}{0{,}2} = 5$ Dioptr. ist, so wird nach Gl. (200):

$$D_2 = \frac{3{,}33 - 5}{1 - 0{,}1 \cdot 5} = -3{,}34 \text{ Dioptr.}$$

Also wird die Brennweite f_2 der Zerstreuungslinse:

$$f_2 = \frac{1}{D_2} = -\frac{1}{3{,}34} = -29{,}9 \text{ cm.}$$

Zur Weiterbildung auf dem Gebiete der geometrischen Optik empfehlen wir:

Czapski, Theorie der optischen Instrumente.
Gleichen, Lehrbuch der geometrischen Optik.
Heath, Lehrbuch der geometrischen Optik.